34

ENGINYERIA
CIVIL

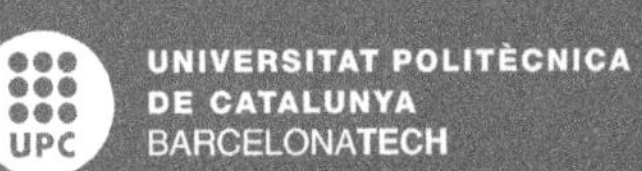
UNIVERSITAT POLITÈCNICA DE CATALUNYA
BARCELONATECH

iniciativa **digital politècnica**
Publicacions Acadèmiques UPC

→ **UPCGRAU**

Geodèsia física →

Joan Josep Martinez-Benjamin
Maite Muñoz Rubio
Natalia Navajo Gomez

Primera edició: setembre de 2015

Pròleg

Aquesta obra, que es va iniciar com uns apunts dirigits als estudiants d'Enginyeria Geomàtica i Topografia, ha arribat a convertir-se en una publicació que pretén ajudar a qualsevol estudiant que estigui interessat en la Geodèsia Física, ja que moltes vegades les publicacions en català d'aquest sector són escasses, quan no nul·les.

Al llarg dels diferents capítols, és definirà el que s'entén per Geodèsia, dedicant un capítol introductori a la Geodèsia Geomètrica, així com a la Geodèsia física (nucli d'aquesta publicació). També es tractaran temes de gran interès com pot ser la Criosfera o l'Altimetria, que es troben en gran demanda actualment i, es finalitzarà amb les missions espacials, fent un parèntesi al GGOS donada la seva rellevància.

Esperem que l'estudiant no trobi un llibre enfocat purament a la teoria, deixant de banda altres parts importants, com per exemple, les aplicacions. Per altra banda, tampoc es tracta d'un llibre on s'aprofundeix en temes molt complexes, es vol aportar una visió general del que és la Geodèsia i al mateix temps, una bona base amb coneixements sòlids i estructurats.

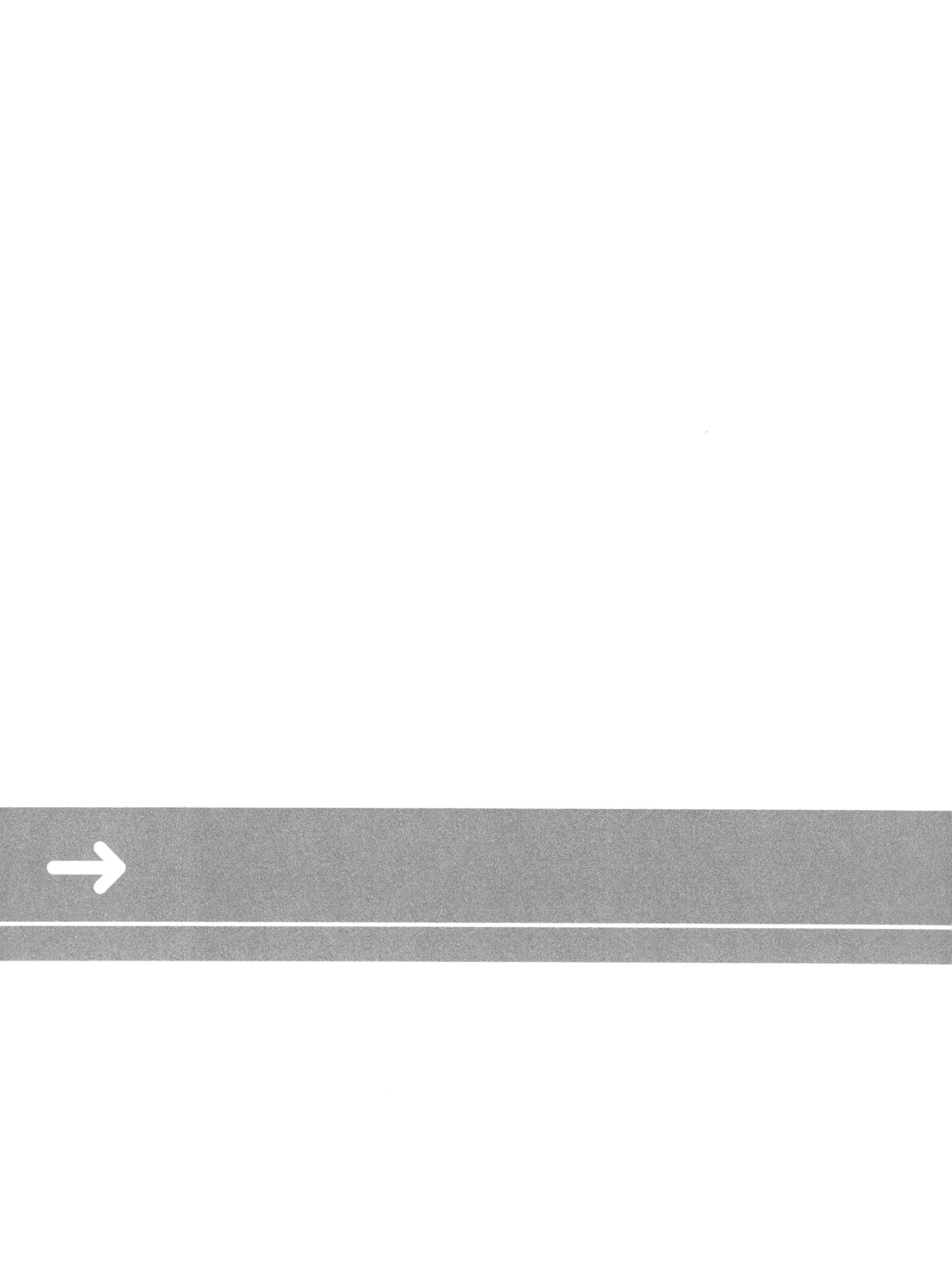

Índex

La geodèsia geomètrica

Introducció: la geodèsia

La geodèsia és la ciència que estudia la forma i les dimensions de la Terra. Això inclou la determinació del camp gravitatori extern de la Terra i la superfície del fons oceànic. En aquesta definició, també s'hi inclouen l'orientació i la posició de la Terra a l'espai.

Figura 1.1.
La Torre Helmert

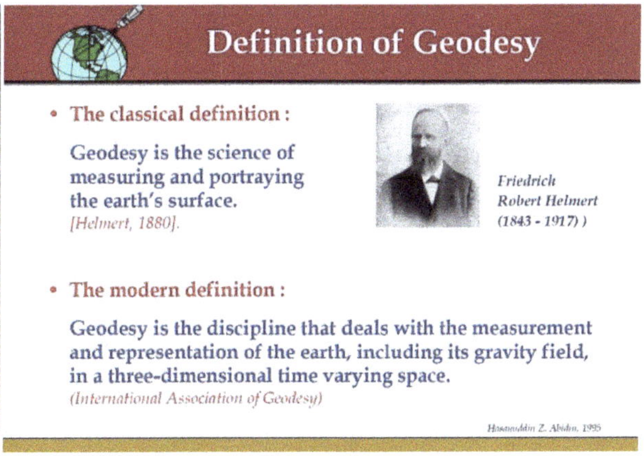

Figura 1.2.
Definicions de geodèsia de Helmert i IAG (Potsdam, Alemanya) (Abidim, 1995)

Una part fonamental de la geodèsia és la determinació de la posició de punts sobre la superfície terrestre mitjançant coordenades (latitud, longitud, altura). La materialització d'aquests punts sobre el terreny constitueix les xarxes geodèsiques, conformades per una sèrie de punts (vèrtexs geodèsics o també senyals d'anivellació), amb unes coordenades que configuren la base de la cartografia d'un país.

Els fonaments físics i matemàtics necessaris per a la seva obtenció fan que la geodèsia sigui una ciència bàsica per a d'altres disciplines, com la topografia, la fotogrametria, la teledetecció, la cartografia, l'enginyeria civil, la navegació i els sistemes d'informació geogràfica, sense oblidar d'altres finalitats, com les militars.

Des del punt de vista de l'objectiu d'estudi, es pot dividir la geodèsia en diferents especialitats:

- Geodèsia geomètrica. Determina la forma i les dimensions de la Terra en el seu aspecte geomètric, cosa que inclou, fonamentalment, la determinació de coordenades de punts a la seva superfície.

- Geodèsia física. Estudia el camp gravitatori de la Terra i les seves variacions, les marees (oceàniques i terrestres) i la seva relació amb el concepte d'altitud.

- Astronomia geodèsica. Determina coordenades a la superfície terrestre a partir de les mesures dels astres.

- Geodèsia espacial. Determina les coordenades a partir de les mesures efectuades en satèl·lits artificials (GNSS, VLBI, SLR, DORIS) i les relaciona amb la definició dels sistemes de referència.

- Microgeodèsia. Mesura les deformacions en estructures d'obra civil o en petites extensions de terreny amb tècniques geodèsiques d'alta precisió.

1.1. Paràmetres geomètrics de l'el·lipsoide

El·lipse: Lloc geomètric dels punts del pla en què la suma de les seves distàncies a dos punts fixos, anomenats *focus*, és una constant (2a).

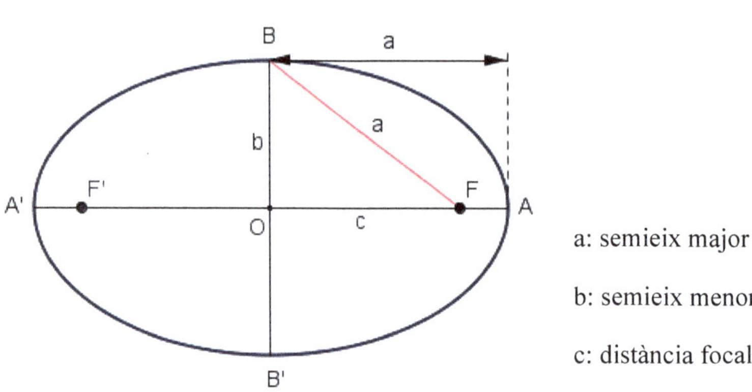

Figura 1.3. Esquema dels elements que conformen una el·lipse [4]

Es verifica: $a^2 = b^2 + c^2$; $c = \sqrt{a^2 - b^2}$

Si es pren el punt A: $(x + c) + (x - c) = 2a$; $x = a$

$AF + AF' = 2a$; $\sqrt{(x - c)^2 + y^2} + \sqrt{(x + c)^2 + y^2} = 2a$;

$$x^2\left(a^2 - c^2\right) + y^2 a^2 - a^2\left(a^2 - c^2\right) = 0 \; ;$$

Si $\quad b^2 = a^2 - c^2$

Es té: $\quad x^2 b^2 + y^2 a^2 = a^2 b^2$

Equació de l'el·lipse

$$\boxed{\dfrac{x^2}{a^2} + \dfrac{y^2}{b^2} = 1}$$

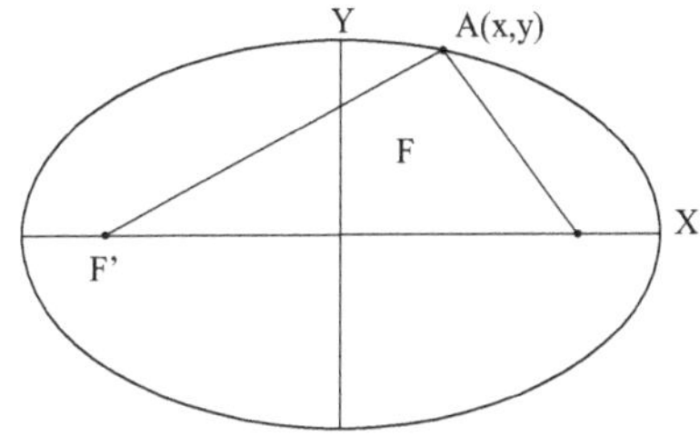

Figura 1.4.
Esquema que mostra
que la distància dels
focus de l'el·lipse a
un punt qualsevol
sempre és la mateixa

1.1.1. L'el·lipsoide de revolució

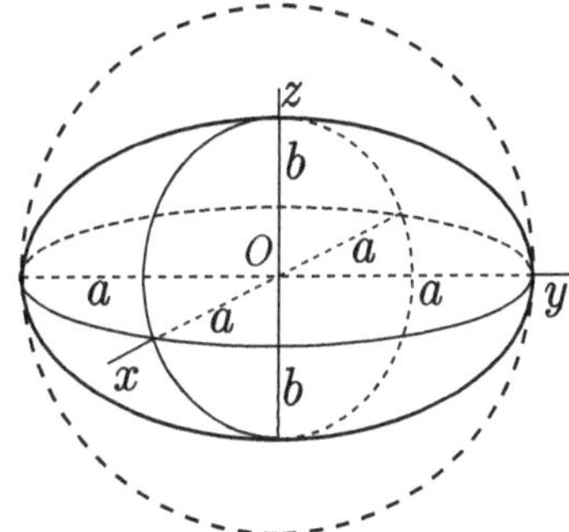

Figura 1.5.
El·lipsoide de
revolució [4]

És una superfície de revolució que s'obté a partir de l'el·lipse quan gira al voltant del seu eix menor.

Aplanament (*flattening*): $\quad f = \dfrac{a-b}{a}$

Si a=b→f=0→ esfera

Com més gran és f, més aplatat és l'el·lipsoide.

Excentricitat de l'el·lipsoide: $\qquad e = \dfrac{c}{a} = \dfrac{\sqrt{a^2 - b^2}}{a} \qquad\qquad e^2 = \dfrac{a^2 - b^2}{a^2}$

Es manté: $\qquad e^2 = 2f - f^2 \; \text{i} \; 1 - e^2 = (1 - f)^2$

Segona excentricitat: $\qquad e' = \dfrac{c}{b} = \dfrac{\sqrt{a^2 - b^2}}{b}$

El·lipsoides de referència:

El·lipsoide	a (m)	1/f
Bessel (1841)	6.377.397	299,152813
Clarke (1880)	6.378.249,145	293,465
Helmert (1907)	6.378.200	298,3
Hayford (International, 1924)	6.378.388,0	297,0
Kaula (1961)	6.375.653	298,24
Rapp (1973)	6.378.142,8	298,256
Gaposchkin (1973)	6.378.140,4	298,256
GRS80 (1980)	6.378.137,0	298,257222
WGS84 (1984)	6.378.137,0	298,257224

El *Geodetic Reference System* de 1980 (GRS80) utilitza les constants següents:

a = 6.378.137 m   Radi equatorial de la Terra

$GM = 3.986.005 \cdot 10^9 \, m^3 s^{-2}$ Constant geocèntrica gravitacional de la Terra

$J_2 = 1.082,63 \cdot 10^{-6}$ Segon harmònic zonal del potencial terrestre

$\omega = 7,292115 \cdot 10^{-5}$ rad/s   Velocitat angular de la Terra

El WGS84 fou desenvolupat pel Departament de Defensa (DoD) dels Estats Units. Pràcticament coincideix amb el GRS80. Utilitza les constants següents:

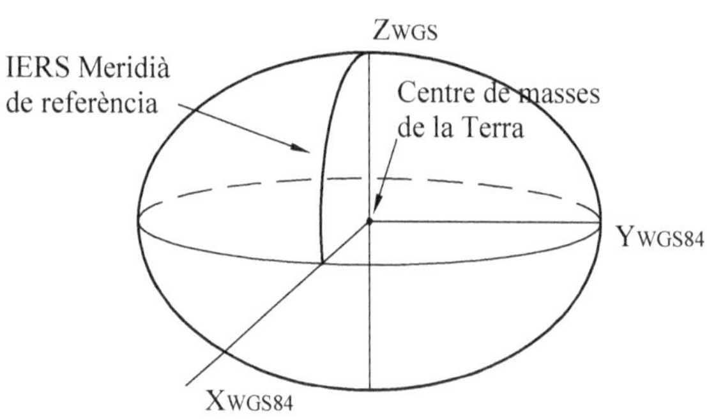

Velocitat angular: $\omega = 7,292115 \cdot 10^{-5}$ rad/s
Semieix major: a = 6.378.137 m
Aplanament: f = 1/298,257223563
Constant gravitacional geocèntrica:
GM = 398.600,4418 km3 s-2
Segon harmònic zonal:

$\overline{C}_{20} = -484,16685 \cdot 10^{-6}$

L'organització responsable de l'establiment i el manteniment del WGS84 és la National Imagery and Mapping Agency (NIMA).

1.2. Sistemes de coordenades a l'el·lipsoide

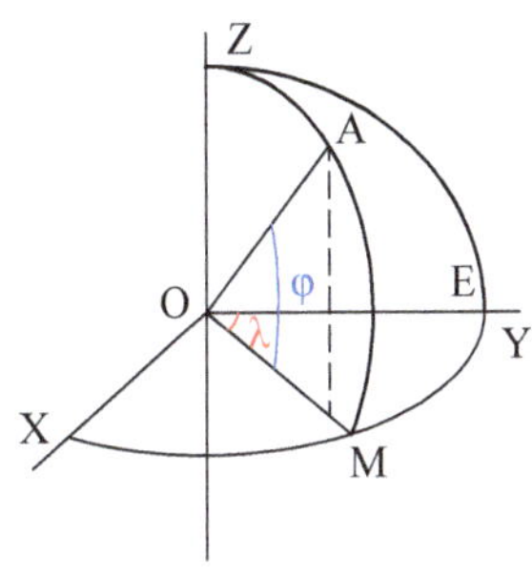

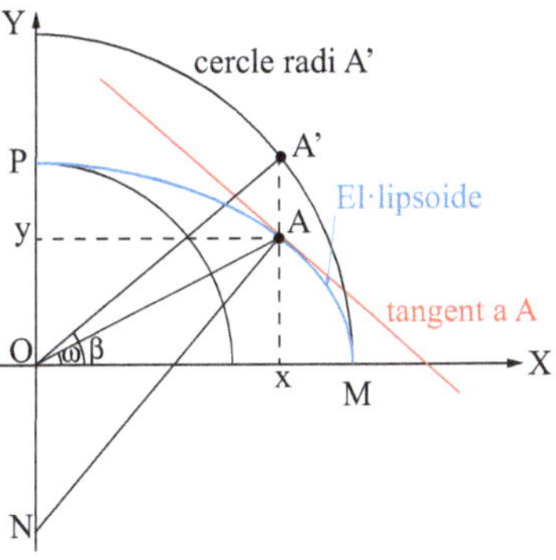

Figures 1.7 i 1.8. Esquemes amb els diferents elements del sistemes de coordenades referits a l'el·lipsoide

Longitud geogràfica, λ: és l'angle díedre que forma el meridià de Greenwich PE amb el meridià PM del punt A.

Latitud geodèsica, φ: és l'angle que forma la normal AN a l'el·lipsoide en el punt A amb el pla de l'equador.

Latitud geocèntrica, ω: és l'angle que forma el radi OA amb el pla de l'equador.

Latitud excèntrica o reduïda, β: és l'angle que forma la recta OA' amb el pla de l'equador, essent A' la intersecció de la paràbola a l'eix d'ordenades que passa per A, amb la circumferència de centre O i radi el semieix major a de l'el·lipse (cercle director).

$$\frac{x^2}{a^2} + \frac{y^2}{b^2} = 1 \qquad \frac{2x}{a^2} + \frac{2yy'}{b^2} = 0 \qquad \frac{yy'}{b^2} = -\frac{x}{a^2} \qquad y' = -\frac{b^2}{a^2}\frac{x}{y}$$

Com que el pendent y' és funció de la latitud geodèsica φ mitjançant:

$$y' = tg\,(\varphi + 90) = -\,cotg\,\varphi$$

$$-\frac{b^2}{a^2}\frac{x}{y} = -cotg\,\varphi \qquad tg\,\varphi = \frac{a^2}{b^2}\frac{y}{x} \qquad tg\,\varphi = \frac{a^2}{a^2(1-e^2)}\frac{y}{x} = \frac{1}{1-e^2}\frac{y}{x}$$

$$y = x\left(1-e^2\right)tg\,\varphi \qquad tg\,\omega = \frac{y}{x} \qquad \boxed{tg\,\omega = \left(1-e^2\right)tg\,\varphi}$$

es compleix: $\qquad sin\,\beta = \frac{y}{OA''} = \frac{y}{b} \quad y = b\,sin\,\beta$

Al triangle OxA' es té la relació: $\quad cos\,\beta = \dfrac{x}{\overline{OA'}} = \dfrac{x}{a} \qquad x = a\,cos\,\beta$

Calculant: $\qquad tg\,\varphi = \dfrac{a^2}{b^2}\dfrac{y}{x} = \dfrac{a^2}{b^2}\dfrac{b\,sin\,\beta}{a\,cos\,\beta} \qquad \boxed{tg\,\varphi = \dfrac{a}{b}\,tg\,\beta}$

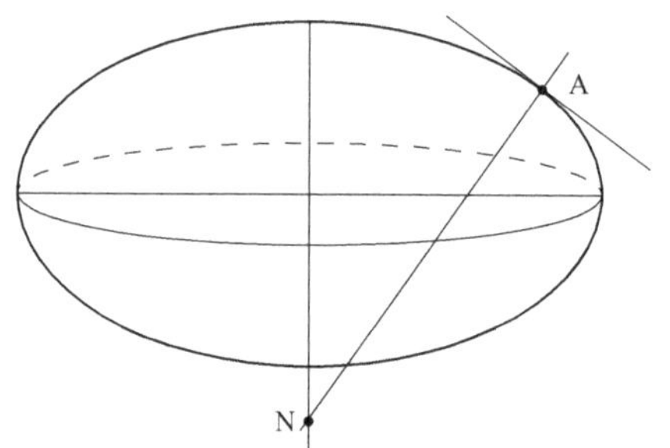

Figura 1.9.
Normal principal a
l'el·lipsoide

S'anomena *normal principal* N en un punt A de l'el·lipsoide el segment de normal a l'el·lipsoide en aquest punt comprès entre el punt i el semieix menor de l'el·lipse meridiana que passa per aquest. És el segment AN. Es compleix:

$$x = \overline{OX} = \overline{AY} = \overline{AN}\cos\varphi = N\cos\varphi \qquad N = \dfrac{x}{\cos\varphi}$$

De l'equació de l'el·lipse:

$$\frac{x^2}{a^2} + \frac{y^2}{b^2} = 1 \qquad \frac{x^2}{a^2} + \frac{x^2(1-e^2)^2\,tg^2\varphi}{a^2(1-e^2)} = 1$$

$$x^2(1-e^2) + x^2(1-e^2)^2\,tg^2\varphi = a^2(1-e^2) \qquad x^2 + x^2(1-e^2)tg^2\varphi = a^2$$

$$x^2 = \cfrac{a^2}{1+(1-e^2)\dfrac{sin^2\varphi}{cos^2\varphi}} = \frac{a^2\,cos^2\varphi}{cos^2\varphi + (1-e^2)sin^2\varphi} = \frac{a^2\,cos^2\varphi}{1-e^2\,sin^2\varphi}$$

$$x = \frac{a\,cos\,\varphi}{\sqrt{1-e^2\,sin^2\varphi}}$$

on: $\qquad N = \dfrac{a}{\sqrt{1-e^2\,sin^2\varphi}}$

Per semblança de triangles:

$$\frac{AX}{XT} = \frac{YN}{AY} \qquad \frac{y}{X-OT} = \frac{YN}{x} \qquad \text{com: } x = N\,cos\varphi$$

$$y = x\left(1-e^2\right)tg\,\varphi = N\left(1-e^2\right)sin\varphi$$

$$OT = x - \frac{yx}{YN} = x\left(1 - \frac{y}{YN}\right) = Ncos\left(1 - \frac{N\left(1-e^2\right)sin\varphi}{N\,sin\varphi}\right) = N\,e^2 cos\varphi$$

(també $ON = Ne^2\,sin\varphi$)

També es compleix per semblança de triangles ATX i NAY

$$\frac{AT}{AN} = \frac{AX}{YN} \qquad AT = AN\frac{AX}{YN} = N\frac{y}{N\,sin\varphi} = N\frac{N\left(1-e^2\right)sin\varphi}{N\,sin\varphi} \qquad AT = N(1-e^2)$$

De vegades, s'utilitza la funció W definida per $W^2 = 1 - e^2 sin^2\varphi$. Es compleix:

$$N = \frac{a}{W}$$

Radi de curvatura de l'el·lipse meridiana de l'expressió general del radi de curvatura d'una corba plana

$$\rho = \frac{(1 + y'^2)^{3/2}}{y''}$$

Amb $\quad y' = \frac{dy}{dx} \qquad y'' = \frac{d^2 y}{dx^2}$

es troba el radi de curvatura de l'el·lipse meridiana d'expressió $\quad \rho = \frac{a(1-e^2)}{W^3}$

Radi de curvatura d'una secció normal en un azimut qualsevol α :

$$R_\alpha = \frac{N\rho}{\rho sin^2\alpha + Ncos^2\alpha}$$

Si $\alpha = 0° R_\alpha = \rho$ (radi de curvatura de l'el·lipse meridiana)

Si $\alpha = 90°$ $\qquad R_\alpha = N$ (radi de curvatura del vertical primari)

Radi de curvatura mitjà $\quad R_m = \sqrt{N\rho}$

Sovint es pren com a radi de curvatura de l'el·lipsoide en un punt de la seva superfície la mitjana aritmètica dels infinits radis de curvatura corresponents a les infinites seccions normals que passen per aquest punt. El radi de curvatura obtingut s'anomena *radi de curvatura mitjà*.

$$R_m = \frac{1}{2\pi}\int_0^{2\pi} R(\alpha)\,d\alpha$$

Longitud d'arc de meridià:

La distància d'un arc de meridià entre dos punts amb la mateixa longitud (LAB) es pot calcular mitjançant el radi de curvatura de l'el·lipse meridiana (ρ), amb la següent fòrmula, i l'angle que forma la normal en cada punt amb el semieix gran de l'el·lipse (φ), com es mostra a continuació:

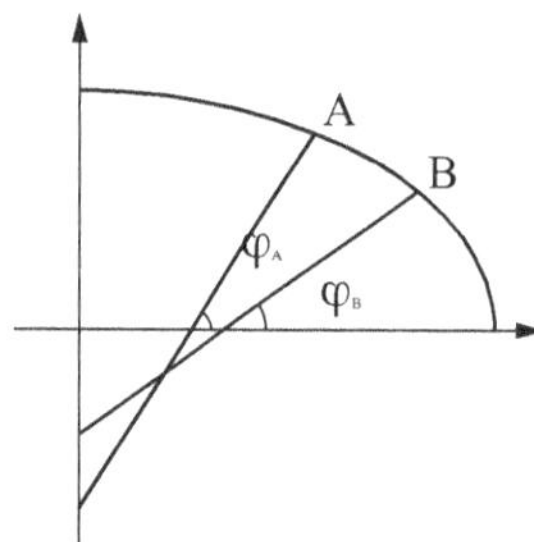

Figura 1.10. Longitud d'un arc de meridià per a dos punts A i B.

$$L_{AB} = \int_{\varphi_B}^{\varphi_A} \rho \; \partial\varphi \qquad \rho = \frac{a(1-e^2)}{W^3} = \frac{a(1-e^2)}{(1-e^2 sin^2\phi)^{3/2}}$$

Recordant el desenvolupament en sèrie de Taylor:

$$(1-e^2 sin^2\varphi)^{-3/2} = 1 + \frac{3}{2}e^2 sin^2\varphi + \frac{15}{8}e^4 sin^4\varphi + \frac{35}{16}e^2 sin^6\varphi + \frac{315}{128}e^8 sin^8\varphi + \ldots$$

Truncant la sèrie i utilitzant expressions trigonomètriques com:

$$sin^2\frac{\varphi}{2} = \frac{1-cos\varphi}{2} \qquad\qquad sin^2\varphi = \frac{1-cos2\varphi}{2}$$

$$sin^4\frac{\varphi}{2} = \frac{3-4cos\varphi+cos2\varphi}{8} \qquad sin^4\varphi = \frac{3-4cos2\varphi+cos4\varphi}{8}$$

es troba:

$$(1-e^2 sin^2\varphi)^{-3/2} = 1 + \frac{3}{4}e^2 + \frac{45}{64}e^4 - \left(\frac{3}{4}e^2 + \frac{60}{64}e^4\right)cos2\varphi + \frac{15}{64}cos4\varphi$$

$$L_{AB} = \int_{\varphi_B}^{\varphi_A} a(1-e^2)\left[1 + \frac{3}{4}e^2 + \frac{45}{64}e^4 - \left(\frac{3}{4}e^2 + \frac{60}{64}e^4\right)cos2\varphi + \frac{15}{64}cos4\varphi\right]d\varphi$$

$$L_{AB} = a(1-e^2)\left[\begin{array}{l}\left(1 + \frac{3}{4}e^2 + \frac{45}{64}e^4\right)(\varphi_A - \varphi_B) - \frac{1}{2}\left(\frac{3}{4}e^2 + \frac{60}{64}e^4\right)(sin2\varphi_A - sin2\varphi_B) \\[2mm] + \frac{1}{4}\frac{15}{64}e^4(sin4\varphi_A - sin4\varphi_B)\end{array}\right]$$

Com que:

$$sin2\varphi_A - sin2\varphi_B = 2\cos\left(\varphi_A + \varphi_B\right)sin(\varphi_A - \varphi_B)$$

$$sin4\varphi_A - sin4\varphi_B = 2\cos 2\left(\varphi_A + \varphi_B\right)sin2(\varphi_A - \varphi_B)$$

$$> L_{AB} = a\left(1-e^2\right)\left[1 + \frac{3}{4}e^2 + \frac{45}{64}e^4 + \ldots\right]$$

1.3. Sistemes de coordenades geodèsiques el·lipsoïdals

Un sistema de coordenades X, Y, Z es pot definir a l'el·lipsoide:

- Origen al centre O de l'el·lipsoide

- Eix Z dirigit al pol Nord (al llarg de l'eix menor)

- Eix X dirigit segons el meridià zero

- Eix Y completant el sistema OXYZ

El sistema de coordenades geodèsic pren com a referència l'el·lipsoide de revolució que s'aproxima millor a la forma real de la Terra, de manera que a cada punt sobre la superfície terrestre li correspon un punt sobre l'el·lipsoide, que és el que defineix les seves coordenades. Aquesta correspondència s'analitza segons la projecció de Helmert, és a dir, segons la recta el·lipsoïdal que passa pel punt considerat.

L'equació de l'el·lipsoide de revolució és:

$$\frac{X^2 + Y^2}{a^2} + \frac{Z^2}{b^2} = 1$$

1.3.1. Sistema geocèntric geodèsic

Es defineix el pla meridià de la regió com el pla format per la normal el·lipsoïdal en un punt i el semieix menor de l'el·lipsoide.

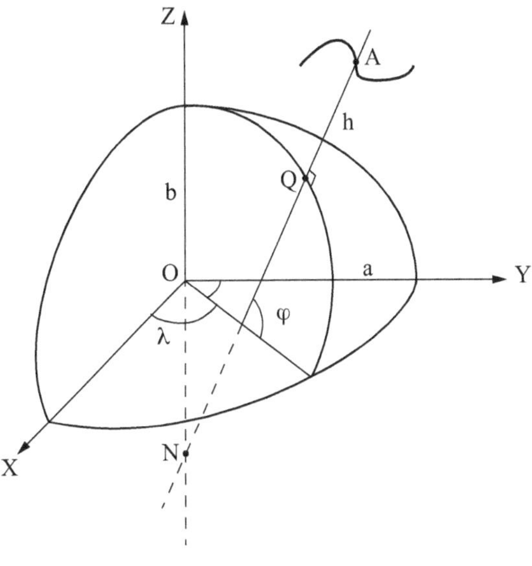

Figura 1.11. Esquema dels diferents elements del sistema geocèntric geodèsic

Latitud geodèsica, φ: és l'angle mesurat sobre el pla meridià de la regió, que forma la normal a l'el·lipsoide que passa pel punt A, amb el pla equatorial de l'el·lipsoide. Es compta de 0° a 90°. És positiva cap al nord i negatives cap al sud.

Longitud geodèsica, λ: és l'angle mesurat sobre el pla equatorial que formen el pla meridià origen (Greenwich) i el pla meridià de la regió. Es compta de 0° a 180°. És positiva cap a l'est i negativa cap a l'oest.

Altura geodèsica, h: és la distància que separa el punt A, sobre la superfície terrestre, de la superfície de l'el·lipsoide, mesurada al llarg de la normal a l'el·lipsoide que passa pel punt A. És la distància AQ.

També es poden anomenar *latitud el·lipsoïdal, longitud el·lipsoïdal* i *altura el·lipsoïdal*, respectivament.

1.3.2. Sistema cartesià geocèntric o terrestre

La referència cartesiana geocèntrica està definida pels eixos cartesians rectangulars X, Y, Z de la figura. El seu origen O és el centre de l'el·lipsoide, que se suposa pròxim al geocentre de la Terra (centre de masses de la Terra incloent-hi l'oceà i l'atmosfera).

Eix Z: eix paral·lel a l'eix de rotació terrestre.

Eix X: eix determinat per la intersecció de l'equador terrestre i el meridià de Greenwich.

Eix Y: eix perpendicular al pla XOZ, que forma un tríedre rectangular directe.

El sistema d'equacions que mostren el pas de les coordenades geodèsiques (geogràfiques) el·lipsoïdals a les coordenades cartesianes és:

$$X = (N + h)\cos\varphi\cos\lambda$$

$$Y = (N + h)\cos\varphi\sin\lambda$$

$$Z = [\left(N\left(1 - e^2\right) + h\right)\sin\varphi]$$

El problema invers, és a dir, l'obtenció de les coordenades el·lipsoïdals a partir de les cartesianes, és possible resoldre'l, però el càlcul no és immediat i només pot resolt per iteració. El sistema convergeix ràpidament si h << N (a prop de la superfície terrestre). Es té:

$$\sqrt{X^2 + Y^2} = \left(N + h\right)\cos \qquad h = \frac{\sqrt{X^2 + Y^2}}{\cos\varphi} - N$$

Com que:

$$Z = (N\left(1 - e^2\right) + h)\sin\varphi$$

$$\frac{Z}{\sqrt{X^2+Y^2}} = \frac{\left(N+h-Ne^2\right)\sin\varphi}{\sqrt{X^2+Y^2}} \qquad \frac{Z}{\sqrt{X^2+Y^2}} = \frac{\left(N+h-Ne^2\right)\sin\varphi}{\left(N+h\right)\cos\varphi}$$

$$\frac{Z}{\sqrt{X^2+Y^2}} = \tan\varphi\left(1-e^2\frac{N}{N+h}\right)$$

$$\varphi = arctg\,\frac{Z}{\sqrt{X^2+Y^2}}\left(1-e^2\frac{N}{N+h}\right)^{-1}$$

Així mateix:

$$\lambda = arctg\,\frac{Y}{X}$$

El càlcul iteratiu es pot programar.

1.3.3. Sistema topocèntric geodèsic

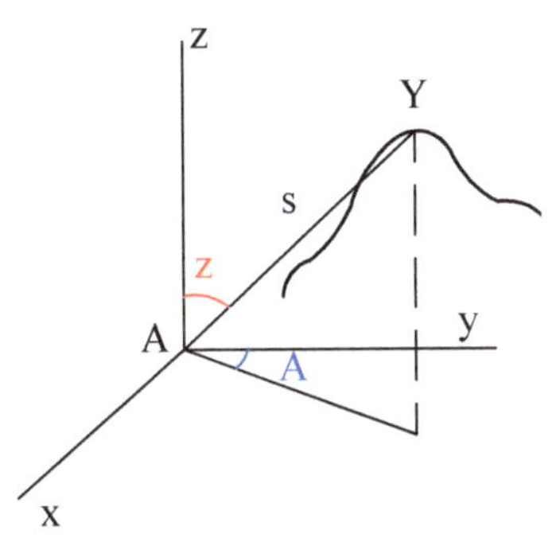

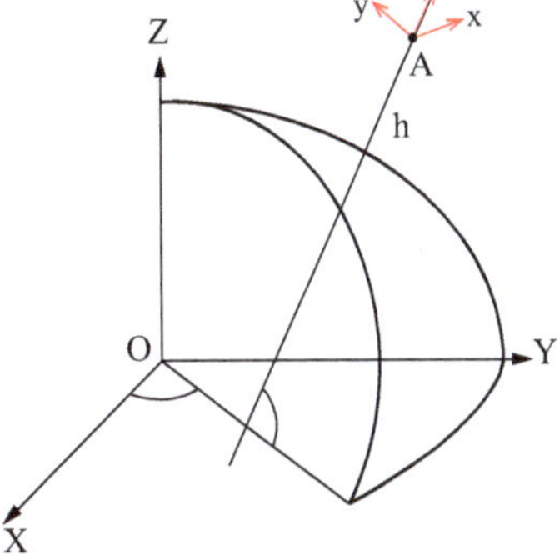

Figura 1.12.
Esquema del
sistema topocèntric
geodèsic .

Figura 1.13.
Sistema local
format pels eixos x,
y, z, i l'azimut
geodèsic.

És un sistema de coordenades que té com a origen l'observador en A, i s'utilitza per obtenir coordenades d'un altre punt B respecte de l'observador.

Az és la normal a l'el·lipsoide.

El pla xy s'anomena horitzó geodèsic i és paral·lel a, el pla tangent a l'el·lipsoide, en el punt Q de la figura anterior.

Es defineixen els conceptes següents:

Distància general geodèsica, z: és l'angle que formen la normal que passa per A i la visual al punt B. Es mesura de 0° a 180°.

Azimut geodèsic, A: és l'angle, mesurat sobre l'horitzó geodèsic, que formen la direcció y (nord) i la del punt visat. Es compta de 0° a 360° i cap a l'est.

De vegades, s'utilitza la notació u (nord), v (est) i w (zenit geodèsic), o bé N (*North*), E (*East*), U (*Up*).

1.3.4. Sistema local AXYZ

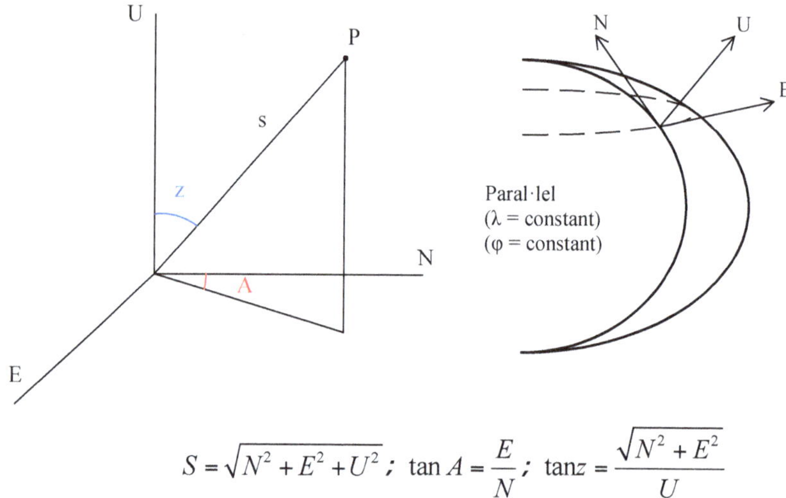

Figures 1.14 i 1.15.
Sistema local AXYZ

$$S = \sqrt{N^2 + E^2 + U^2} \; ; \;\; \tan A = \frac{E}{N} \; ; \;\; \tan z = \frac{\sqrt{N^2 + E^2}}{U}$$

Aquest sistema de referència local es visualitza

N: direcció meridià (λ constant)
E: direcció paral·lel (φ constant)
U: direcció vertical

Tríedre local de les direccions principals:

Donat un punt A sobre l'el·lipsoide de revolució en què es traça un pla tangent per aquest punt, es defineix el tríedre local de les direccions principals com un tríedre trirectangular directe. A x y z, amb origen en A, de forma que el pla Axy coincideixi amb el pla tangent, estant l'eix z amb la direcció de la recta normal l'el·lipsoide en A, i prenent com a semieix z positiu l'orientat cap a l'interior de l'el·lipsoide (*Up*). L'eix x s'orienta segons la direcció principal del meridià i cap al pol (*North*) i l'eix i s'orienta segons la direcció principal del vertical primari (*East*).

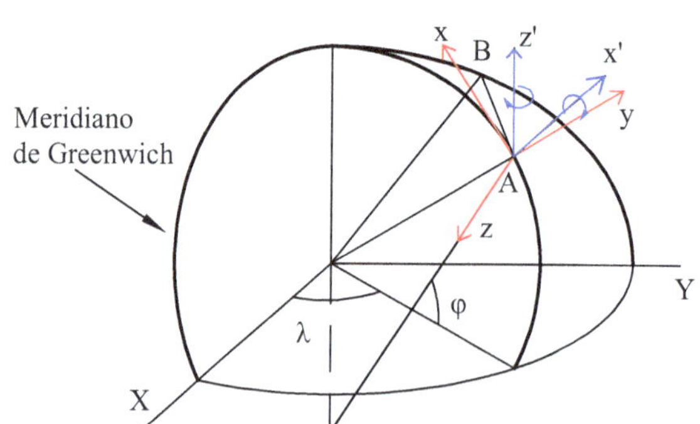

Figura 1.16.
Tríedre local de les
direccions principals.

Sigui B un punt qualsevol sobre la superfície de l'el·lipsoide, de forma que es coneixen les seves coordenades respecte al tríedre local de les direccions principals de A. Se'n volen calcular les coordenades en el sistema cartesià geocèntric OXYZ.

Es verifica $OB_{XYZ} = OA_{XYZ} + AB_{XYZ} = OA_{XYZ} + R \cdot AB_{XYZ}$, essent R la matriu de rotació. S'escriu:

$$\begin{pmatrix} X_B \\ Y_B \\ Z_B \end{pmatrix} = \begin{pmatrix} X_A \\ Y_A \\ Z_A \end{pmatrix} + R \cdot \begin{pmatrix} X_B \\ Y_B \\ Z_B \end{pmatrix}$$
(A vegades, s'escriu: $x_B = N$; $y_B = E$; $z_B = U$)

R s'obté a partir de dos girs d'eixos:

- Rotació al voltant de l'eix Ay perquè l'eix Az se situï paral·lel l'eix OZ.

  El valor del gir és de $90° + \varphi$, en què φ és la latitud geodèsica de A. És positiu.

- Rotació al voltant de l'eix Az' per col·locar l'eix Ax' paral·lel a l'eix OX.

  El valor del gir és la longitud geodèsica λ del punt A. És negatiu.

Es té:

$$R = Rz(-\lambda) \cdot Ry(90 + \varphi) = \begin{pmatrix} \cos\lambda & -\sin\lambda & 0 \\ \sin\lambda & \cos\lambda & 0 \\ 0 & 0 & 1 \end{pmatrix} \cdot \begin{pmatrix} -\sin\varphi & 0 & -\cos\varphi \\ 0 & 1 & 0 \\ \cos\varphi & 0 & -\sin\varphi \end{pmatrix}$$

$$R = \begin{pmatrix} -\sin\varphi\cos\lambda & -\sin\lambda & -\cos\varphi\cos\lambda \\ -\sin\varphi\sin\lambda & \cos\lambda & -\cos\varphi\sin\lambda \\ \cos\varphi & 0 & -\sin\varphi \end{pmatrix}$$

$$\begin{pmatrix} X_B \\ Y_B \\ Z_B \end{pmatrix} = \begin{pmatrix} X_A \\ Y_A \\ Z_A \end{pmatrix} + \begin{pmatrix} -\sin\varphi\cos\lambda & -\sin\lambda & -\cos\varphi\cos\lambda \\ -\sin\varphi\sin\lambda & \cos\lambda & -\cos\varphi\sin\lambda \\ \cos\varphi & 0 & -\sin\varphi \end{pmatrix} \cdot \begin{pmatrix} X_B \\ Y_B \\ Z_B \end{pmatrix}$$

Així mateix:

$$\begin{pmatrix} X_B \\ Y_B \\ Z_B \end{pmatrix} = \begin{pmatrix} -\sin\varphi\,\cos\lambda & -\sin\varphi\,\sin\lambda & \cos\varphi \\ -\sin\lambda & \cos\lambda & 0 \\ -\cos\lambda\,\cos\varphi & -\cos\varphi\,\sin\lambda & -\sin\varphi \end{pmatrix} \cdot \begin{pmatrix} X_B - X_A \\ Y_B - Y_A \\ Z_B - Z_A \end{pmatrix}$$

Recordant que la matriu R és ortogonal, es compleix $R^{-1} = R^t$.

1.4. Projecció d'Helmert

Consisteix a projectar un punt des de la superfície física de la Terra directament sobre l'el·lipsoide de referència, segons la recta normal el·lipsoïdal.

Com que $N = \dfrac{a}{W}$, les equacions de pas entre les coordenades geodèsiques i cartesianes es poden escriure com:

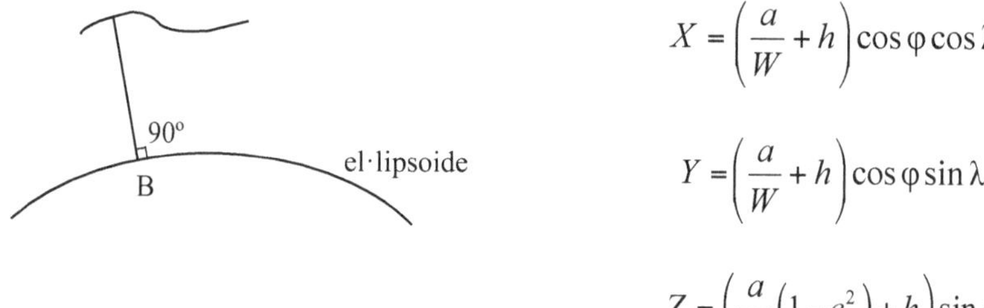

Figura 1.17. Normal projectada des de la superfície de la Terra sobre l'el·lipsoide en un punt

$$X = \left(\frac{a}{W} + h \right) \cos\varphi \cos\lambda$$

$$Y = \left(\frac{a}{W} + h \right) \cos\varphi \sin\lambda$$

$$Z = \left(\frac{a}{W}\left(1 - e^2\right) + h \right) \sin\varphi$$

Si $h = 0$, es tenen les fórmules de parametrització de l'el·lipsoide de revolució en funció de φ i λ:

$$X = \frac{a}{W}\cos\varphi\cos\lambda$$

$$Y = = \frac{a}{W}\cos\varphi\sin\lambda$$

$$Z = \frac{a\left(1 - e^2\right)}{W}\sin\varphi$$

1.5. Parametrització de l'el·lipsoide (part Z)

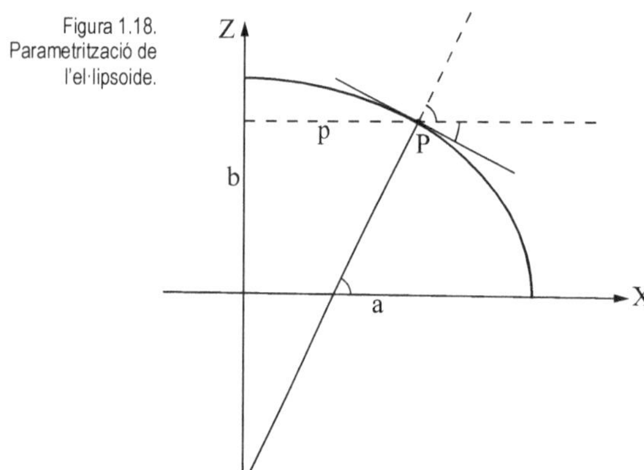

Figura 1.18. Parametrització de l'el·lipsoide.

$$\frac{X^2}{a^2} + \frac{Z^2}{b^2} = 1 \; ;$$

$$\frac{2X\,\partial X}{a^2} + \frac{2Z\,\partial Z}{b^2} = 0 \; ;$$

$$\frac{X\,\partial X}{a^2} = -\frac{Z\,\partial Z}{b^2} \; ;$$

$$\frac{\partial Z}{\partial X} = -\frac{b^2}{a^2}\cdot\frac{X}{Z} = -\tan(90 - \varphi)$$

$$\frac{b^2}{a^2} \cdot \frac{X}{Z} = \cot \varphi \quad ; \quad X = Z \frac{a^2}{b^2} \cot \varphi$$

Substituint a l'equació de l'el·lipse:

$$\frac{Z^2 \dfrac{a^4}{b^4} \cot^2 \varphi}{a^2} + \frac{Z^2}{b^2} = 1; \quad \frac{Z^2}{b^2}\left(\frac{a^2}{b^2}\cot^2\varphi + 1\right) = 1; \quad \frac{Z^2}{b^2}(\frac{a^2}{b^2}\cdot\frac{cos^2\varphi}{sin^2\varphi} + 1) = 1$$

$$Z^2 = \frac{b^4 sin^2\varphi}{a^2 cos^2\varphi + b^2 sin^2\varphi}; \quad Z = \frac{b^2 sin\varphi}{\sqrt{a^2 cos^2\varphi + b^2 sin^2\varphi}}$$

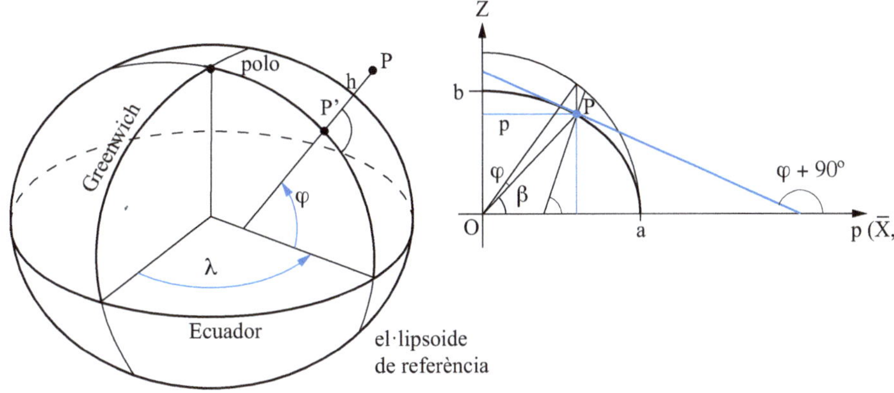

Figures 1.19 i 1.20. L'el·lipsoide com a superfície de referència i projecció de les latituds geodèsica, reduïda i geocèntrica

Partint de $\dfrac{X^2 + Y^2}{a^2} + \dfrac{Z^2}{b^2} = 1$ i anomenant $p = \sqrt{X^2 + Y^2}$; $p^2 = X^2 + Y^2$

$$\frac{p^2}{a^2} + \frac{Z^2}{b^2} = 1 \quad ; \quad \frac{2pdp}{a^2} + \frac{2ZdZ}{b^2} = 0 \quad ; \quad \frac{pdp}{a^2} + \frac{ZdZ}{b^2} = 0 \quad ; \quad \frac{dZ}{dp} = -\frac{b^2}{a^2}\cdot\frac{p}{Z} = -\cot\varphi$$

$$\frac{b^2}{a^2}\cdot\frac{p}{Z} = \frac{\cos\varphi}{\sin\varphi};$$

com que $X = p\cdot\cos\lambda$; $\dfrac{b^2}{a^2}\cdot\dfrac{X}{Z\cos\lambda} = \dfrac{\cos\varphi}{\sin\varphi}$; $\dfrac{b^4}{a^4}\cdot\dfrac{X^2}{Z^2 cos^2\lambda} = \dfrac{cos^2\varphi}{sin^2\varphi}$

$$\frac{b^4}{a^4}\cdot\frac{X^2}{cos^2\lambda}\cdot\frac{(a^2cos^2\varphi + b^2sin^2\varphi)}{b^4 sin^2\varphi} = \frac{cos^2\varphi}{sin^2\varphi}; \quad X^2 = \frac{a^4 cos^2\varphi cos^2\lambda}{a^2 cos^2\varphi + b^2 sin^2\varphi};$$

$$X = \frac{a^2 cos\varphi cos\lambda}{\sqrt{a^2 cos^2\varphi + b^2 sin^2\varphi}}$$

$$\text{i com } Y = p\sin\lambda; \qquad \frac{b^2}{a^2}\cdot\frac{Y}{Z\sin\lambda} = \frac{\cos\varphi}{\sin\varphi}; \quad \frac{b^4}{a^4}\cdot\frac{Y^2}{Z^2\sin^2\lambda} = \frac{\cos^2\varphi}{\sin^2\varphi}$$

$$\frac{b^4}{a^4}\cdot\frac{Y^2}{sin^2\lambda}\cdot\frac{(a^2 cos^2\varphi + b^2 sin^2\varphi)}{b^4 sin^2\varphi} = \frac{\cos^2\varphi}{\sin^2\varphi}; \quad Y^2 = \frac{a^4 cos^2\varphi sin^2\lambda}{a^2 cos^2\varphi + b^2 sin^2\varphi};$$

$$Y = \frac{a^2 cos\varphi\, sin\lambda}{\sqrt{a^2 cos^2\varphi + b^2 sin^2\varphi}}$$

Figures complementàries:

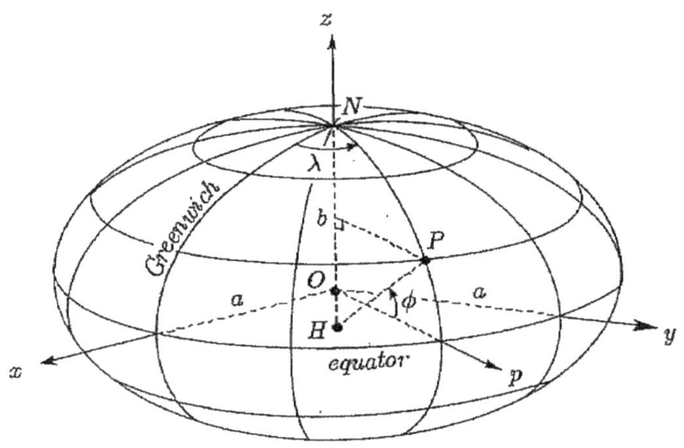

Figura 1.21.
Projecció d'un punt P
sobre l'el·lipsoide [4]

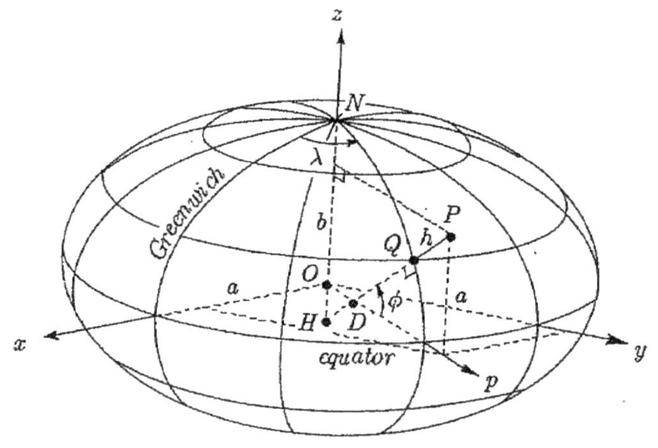

Figura 1.22.
Projecció d'un punt P
amb una alçada
determinada sobre
l'el·lipsoide [4]

1.5.1. Parametrització de l'el·lipsoide de revolució

1. **Canvi de coordenades:** $\varphi, \lambda, \rightarrow x, y, z$

$$X = \frac{a^2 cos\varphi cos\lambda}{\sqrt{a^2 cos^2\varphi + b^2 sin^2\varphi}} \ ; \ X^2 = \frac{a^4 cos^2\varphi cos^2\lambda}{a^2 cos^2\varphi + b^2 sin^2\varphi}$$

Com que

$$a^2 cos^2\varphi + b^2 sin^2\varphi = a^2\left(1 - sin^2\varphi\right) + b^2 sin^2\varphi$$

$$= a^2 - a^2 sin^2\varphi + b^2 sin^2\varphi = a^2 - (a^2 - b^2)sin^2\varphi$$

$$= a^2\left(1 - \frac{a^2 - b^2}{a^2} sin^2\varphi\right) = a^2(1 - e^2 sin^2\varphi)$$

$$X^2 = \frac{a^4 cos^2\varphi cos^2\lambda}{a^2(1 - e^2 sin^2\varphi)} \ ; \ X = \frac{a cos\varphi cos\lambda}{\sqrt{1 - e^2 sin^2\varphi}} \ ; \ X = \frac{a}{W} cos\varphi cos\lambda$$

essent $W = \sqrt{1 - e^2 sin^2\varphi}$

Anàlogament, $y = \dfrac{a^2 cos\varphi sin\lambda}{\sqrt{a^2 cos^2\varphi + b^2 sin^2\varphi}} \ ; \ y = \dfrac{a}{W} cos\varphi sin\lambda$

$$Z = \frac{b^2 sin\varphi}{\sqrt{a^2 cos^2\varphi + b^2 sin^2\varphi}} \ ; e^2 = \frac{a^2 - b^2}{a^2} \ ; \ a^2 e^2 = a^2 - b^2 \ ; \ b^2 = a^2\left(1 - e^2\right)$$

$$Z = \frac{a(1 - e^2)}{W} sin\varphi$$

2. **Canvi de coordenades:** $x, y, z \rightarrow \varphi, \lambda$

$$x^2 + y^2 = \frac{a^2}{W^2} cos^2\varphi \ cos^2\lambda + \frac{a^2}{W^2} cos^2\varphi \ sin^2\lambda = (\frac{a}{W} cos\varphi)^2$$

$$\left.\begin{array}{l} \sqrt{x^2 + y^2} = \dfrac{a}{W} cos\varphi \\[3mm] z = \dfrac{a\left(1 - e^2\right)}{W} sin\varphi \end{array}\right\} \frac{z}{\sqrt{x^2 + y^2}} = \left(1 - e^2\right) tan\varphi; \ tan\varphi = \frac{z}{(1 - e^2)\sqrt{x^2 + y^2}}$$

$$\frac{x}{y} = \frac{cos\lambda}{sin\lambda} \ ; \ tan\lambda = \frac{x}{y}$$

Primera forma quadràtica fonamental de l'el·lipsoide de revolució parametritzat mitjançant la latitud i la longitud geodèsiques:

$$\text{IFQF} = \partial \overline{r} \; \cdot \; \partial \overline{r} \; = \; \partial \overline{s}^{\,2}$$

$$\partial s^2 = g_{11} \cdot \partial \varphi^2 + 2g_{12} \cdot \partial \varphi \cdot \partial \lambda + g_{22} \cdot \partial \lambda^2$$

$$g_{11} = \overline{r}_\varphi \cdot \overline{r}_\varphi \;\; ; \;\; g_{12} = \overline{r}_\varphi \cdot \overline{r}_\lambda \;\; ; \;\; g_{22} = \overline{r}_\lambda \cdot \overline{r}_\lambda$$

essent,

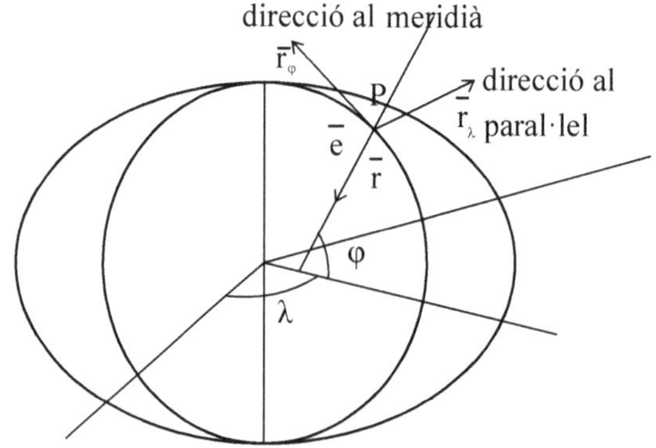

Figura 1.23. Representació de la latitud i la longitud geodèsiques sobre l'el·lipsoide

$$\overline{r}_\varphi = \frac{\partial \overline{r}}{\partial \varphi} = \begin{pmatrix} \dfrac{\partial x}{\partial \varphi} \\[2mm] \dfrac{\partial y}{\partial \varphi} \\[2mm] \dfrac{\partial z}{\partial \varphi} \end{pmatrix} \;\; ; \;\; \overline{r}_\lambda = \frac{\partial \overline{r}}{\partial \lambda} = \begin{pmatrix} \dfrac{\partial x}{\partial \lambda} \\[2mm] \dfrac{\partial y}{\partial \lambda} \\[2mm] \dfrac{\partial z}{\partial \lambda} \end{pmatrix}$$

$$\frac{\partial x}{\partial \varphi} = \frac{-a \sin\varphi \cos\lambda \cdot W - a \cos\varphi \cos\lambda \cdot \dfrac{1}{2} \cdot \dfrac{1}{W}(-e^2 \sin\varphi \cos\varphi)}{W^2}$$

$$= \frac{-a \sin\varphi \cos\lambda \cdot W^2 - a \cos\varphi \cos\lambda(-e^2 \sin\varphi \cos\varphi)}{W^3}$$

$$= \frac{-a \sin\varphi \cos\lambda(1 - e^2 \sin^2\varphi) + a \sin\varphi \cos\lambda(e^2 \cos^2\varphi)}{W^3}$$

$$= \frac{-a \sin\varphi \cos\lambda + a \sin\varphi \cos\lambda(e^2 \sin^2\varphi + e^2 \cos^2\varphi)}{W^3}$$

$$= \frac{a}{W^3} \sin\varphi \cos\lambda(-1 + e^2)$$

$$\frac{\partial x}{\partial \varphi} = \frac{a \sin \varphi \cos \lambda}{W^3}(e^2 - 1)$$

Recordant:

$$W = (1 - e^2 \sin^2 \varphi)^{1/2} \quad ; \quad \frac{\partial W}{\partial \varphi} = \frac{1}{2}(1 - e^2 \sin^2 \varphi)^{-\frac{1}{2}}(-2e^2 \sin \varphi \cos \varphi)$$

$$\frac{\partial W}{\partial \varphi} = -\frac{e^2 \sin \varphi \cos \varphi}{W}$$

Anàlogament:

$$\frac{\partial y}{\partial \varphi} = \frac{-a \sin \varphi \sin \lambda \cdot W - a \cos \varphi \sin \lambda \cdot \left(\dfrac{(1 - e^2 \sin \varphi \cos \varphi)}{W}\right)}{W^2}$$

$$= \frac{-aW^2 \sin \varphi \sin \lambda \cdot W^2 + ae^2 \cos^2 \varphi \sin \varphi \sin \lambda}{W^3}$$

$$= \frac{-a(1 - e^2 \sin^2 \varphi) \sin \varphi \sin \lambda + a \cdot e^2 \cos^2 \varphi \sin \varphi \sin \lambda}{W^3}$$

$$= \frac{-a \sin \varphi \sin \lambda + a \cdot e^2 \sin \varphi \sin \lambda (\sin^2 \varphi + \cos^2 \varphi)}{W^3}$$

$$\frac{\partial y}{\partial \varphi} = \frac{a \sin \varphi \sin \lambda}{W^3}(e^2 - 1)$$

$$\frac{\partial z}{\partial \varphi} = \frac{a(1 - e^2) \cos \varphi}{W} + a\left(1 - e^2\right) \sin \varphi \frac{\partial \left(\dfrac{1}{W}\right)}{\partial \varphi}$$

$$= \frac{a\left(1 - e^2\right) \cos \varphi}{W} + a(1 - e^2) \sin \varphi \left(-\frac{e^2 \sin \varphi \cos \varphi}{W^3}\right)$$

$$= \frac{a(1 - e^2) \cos \varphi (1 - e^2 \sin^2 \varphi)}{W^3} + \frac{a(1 - e^2) \sin \varphi \cdot e^2 \sin \varphi \cos \varphi)}{W^3}$$

$$= \frac{a(1 - e^2) \cos \varphi}{W^3}[1 - e^2 \sin^2 \varphi + e^2 \sin^2 \varphi]$$

$$\frac{\partial z}{\partial \varphi} = \frac{a(1 - e^2)}{W^3} \cos \varphi$$

També es té:

$$\frac{\partial x}{\partial \lambda} = \frac{-a\cos\varphi\sin\lambda}{W} \quad ; \quad \frac{\partial y}{\partial \lambda} = \frac{a\cos\varphi\cos\lambda}{W} \quad ; \quad \frac{\partial z}{\partial \lambda} = 0$$

Es poden fer programes introduint les dades a, e, φ, λ que permeten deduir φ, λ. Els resultats es poden comprovar amb les calculadores geodèsiques. Per al càlcul de $\bar{e}$, es calcula el pla determinat per $\bar{r}_\varphi$ i $\bar{r}_\lambda$.

$$\bar{r}_\varphi \wedge \bar{r}_\lambda = \begin{bmatrix} \bar{i} & \bar{j} & \bar{k} \\ \dfrac{-a\sin\varphi\cos\lambda}{W^3}\left(1-e^2\right) & \dfrac{a\sin\varphi\sin\lambda}{W^3}\left(e^2-1\right) & \dfrac{a\left(1-e^2\right)}{W^3}\cos\varphi \\ \dfrac{-a\cos\varphi\sin\lambda}{W} & \dfrac{a\cos\varphi\cos\lambda}{W} & 0 \end{bmatrix}$$

$$= \frac{a^2\left(1-e^2\right)}{W^4}\cos\varphi\cdot\begin{pmatrix} -\cos\varphi\cos\lambda \\ -\cos\varphi\sin\lambda \\ -\sin\varphi \end{pmatrix}$$

cosa que indica que el vector unitari $\bar{e}$ en la direcció de la vertical l'el·lipsoide, així com els vectors unitaris $\bar{e}_\varphi$ i $\bar{e}_\lambda$ en les direccions dels vectors $\bar{r}_\varphi$ i $\bar{r}_\lambda$, tenen per expressions en forma matricial:

$$\bar{e} = \begin{pmatrix} -\cos\varphi\cos\lambda \\ -\cos\varphi\sin\lambda \\ -\sin\varphi \end{pmatrix} ; \ \bar{e}_\varphi = \begin{pmatrix} \sin\varphi\cos\lambda \\ \sin\varphi\sin\lambda \\ -\cos\varphi \end{pmatrix} ; \ \bar{e}_\lambda = \begin{pmatrix} \cos\varphi\sin\lambda \\ -\cos\varphi\cos\lambda \\ 0 \end{pmatrix}$$

Com que:

$$\bar{r}_\varphi\bar{r}_\varphi = a^2\frac{(1-e^2)^2}{W^6}\sin^2\varphi\ \cos^2\lambda + a^2\frac{(1-e^2)^2}{W^6}\sin^2\varphi\ \sin^2\lambda + a^2\frac{(1-e^2)^2}{W^6}\cos^2\varphi = a^2\frac{(1-e^2)^2}{W^6}$$

$$\bar{r}_\lambda\bar{r}_\lambda = \frac{a^2}{W^2}\cos^2\varphi\ \sin^2\lambda + \frac{a^2}{W^2}\cos^2\varphi\ \cos^2\lambda = \frac{a^2}{W^2}\cos^2\varphi$$

La primera forma quadràtica fonamental es pot escriure com:

$$I_{FQF} = \left(\frac{a}{W}(1-e^2)\right)^2 d\varphi^2 + \left(\frac{a}{W}\cos\varphi\right)^2 d\lambda^2 = M^2 d\varphi^2 + N^2\cos^2\varphi d\lambda^2$$

La segona forma quadràtica fonamental és:

$$II_{FQF} = \left(-\bar{r}_\varphi\bar{e}_\varphi\right)d\varphi^2 + \left(-\bar{r}_\varphi\bar{e}_\lambda - \bar{r}_\lambda\bar{e}_\varphi\right)d\varphi d\lambda + \left(-\bar{r}_\lambda\bar{e}_\lambda\right)d\lambda^2 = \frac{a(1-e^2)}{W^3}d\varphi^2 + \frac{a}{W}\cos^2\varphi d\lambda^2$$

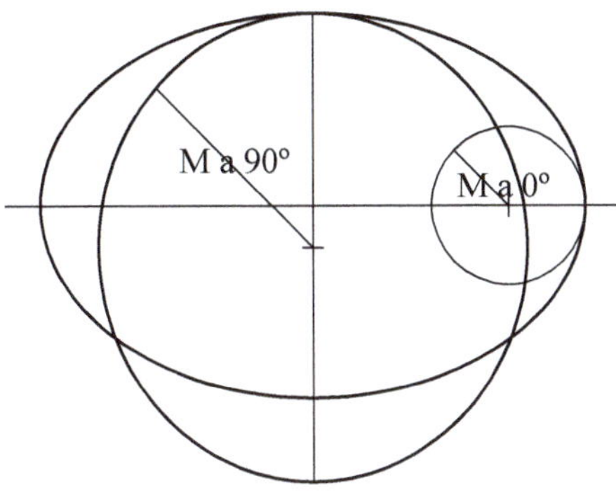

Figura 1.24.
El·lipses amb els
seus components

S'introdueix la curvatura de la secció normal:

$$K = \frac{II_{FQF}}{I_{FQF}} = \frac{\dfrac{a(1-e^2)}{W^3}\,d\varphi^2 + \dfrac{a}{W}\cos^2\varphi\,d\lambda^2}{\left(\dfrac{a}{W}(1-e^2)\right)^2 d\varphi^2 + \left(\dfrac{a}{W}\cos\varphi\right)^2 d\lambda^2}$$

Direcció del meridià:

$$d\lambda = 0 \qquad K_1 = \frac{W^3}{a(1-e^2)} \qquad R_1 = \frac{a(1-e^2)}{W^3} = M$$

$$M = \frac{a(1-e^2)}{(1-e^2 sen^2\varphi)^{3/2}}\ ;$$

M és el radi de curvatura del meridià (radi de curvatura de l'el·lipsoide en el pla d'un meridià).

$$M(\varphi = 0^{\circ}) = \frac{b^2}{a} \qquad M(\varphi = 90^{\circ}) = \frac{a^2}{b} > b$$

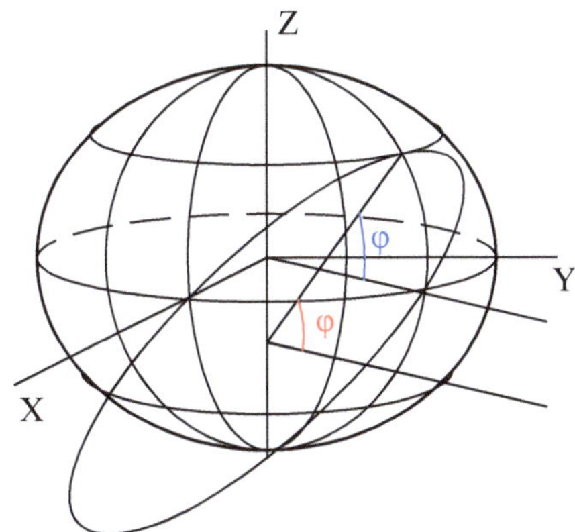

Figura 1.25.
Direcció del paral·lel

Direcció del paral·lel dφ=0

$$K_2 = \frac{W}{a} \;\rightarrow\; R_2 = \frac{a}{W} = \frac{a}{\sqrt{1 - e^2 \, sen^2 \varphi}} = N$$

Que es el radi de curvatura de la secció normal en la direcció del paral·lel, al primer vertical.

Una secció és la corba formada per la intersecció d'una figura i un pla. Una secció en un el·lipsoide ha de ser un punt (el pla és tangent a l'el·lipsoide), un cercle (un paral·lel de latitud) o una el·lipse (el cas general).

Una secció normal és una corba formada per la intersecció d'una figura i un pla contingut almenys en un vector normal a la superfície de l'el·lipsoide (a la figura és v).

El cercle osculador per a M està contingut en el pla meridional; per això, és una secció normal alineada nord-sud. El cercle osculador per a N és perpendicular al de M i, per tant, és una secció normal alineada est-oest en el punt P.

En general, M $\neq$ N; és evident que el radi de curvatura d'un el·lipsoide varia amb l'azimut. El radi de curvatura a la secció normal R_α en un punt qualsevol d'un el·lipsoide és una combinació de M i N.

La fórmula que ho expressa és coneguda com el teorema d'Euler:

$$K = \frac{1}{M} cos^2 \alpha + \frac{1}{N} sin^2 \alpha$$

S'observa que $R_\alpha = M$ quan $\alpha = 0^0$, i que $R_\alpha = N$ quan $\alpha = 90^0$. No depèn de λ.

Interpretació geomètrica de N, radi de curvatura del primer vertical

N = PQ (gran normal)

Figures 1.26 i 1.27.
Projecció del radi de curvatura del primer vertical

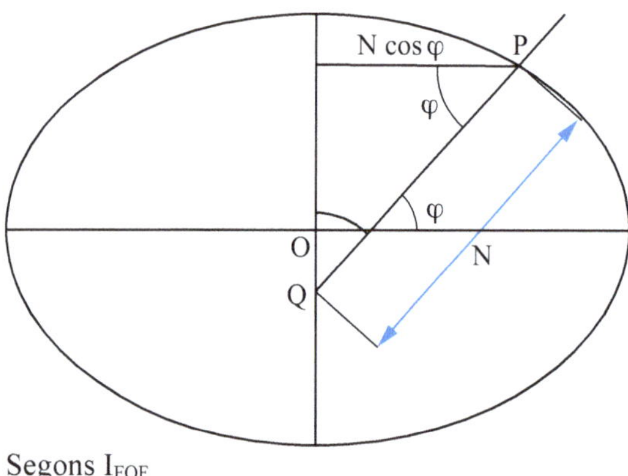

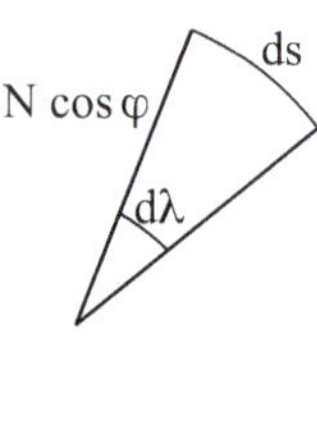

Segons I$_{FQF}$

$$d\varphi = 0 \;\rightarrow\; ds = N \, cos \, \varphi \, d\lambda$$

Si M = N $\rightarrow$ sin^2 φ = 1 (φ_1 = π/2, φ_2 = - π/2) $\rightarrow$ Pols $\rightarrow$ M = N = $\dfrac{a}{\sqrt{1-e^2}}$;

A l'equador (φ =0) $\rightarrow$ N = a; M = a(1-e^2)

1.6. Geometria 3D: equació d'una recta

–   Recta definida per un punt, amb una direcció definida per un vector unitari.

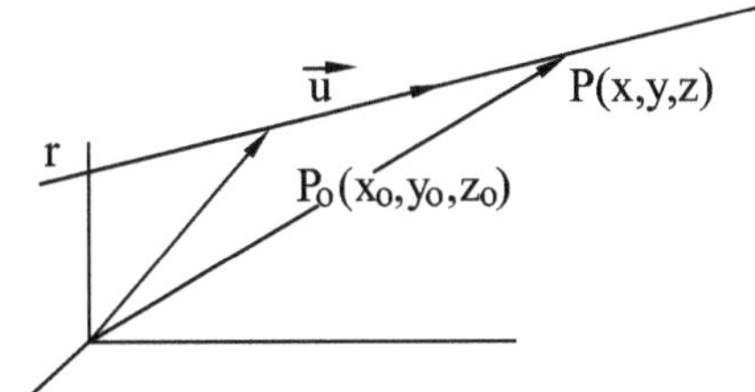

Figura 1.28.
Esquema d'una recta
que passa pel punt
P$_0$ i el seu vector
unitari

Siguin P$_0$(x$_0$, y$_0$, z$_0$) un punt de la recta i $\bar{u}$ un vector unitari definint la direcció de la mateixa.

Si P(x, y, z) és un punt qualsevol de la recta:

$$\overline{P_0P} = \lambda\bar{u} \quad \lambda \in R$$

$$\left(x-x_0\right)\bar{i} + \left(y-y_0\right)\bar{j} + \left(z-z_0\right)\bar{k} = \lambda\left(u_x \times \bar{i} + u_y\bar{j} + u_z\bar{k}\right)$$

$$\left.\begin{array}{l} x - x_0 = \lambda u_x \\ y - y_0 = \lambda u_y \\ z - z_0 = \lambda u_z \end{array}\right\} \quad \frac{x - x_0}{ux} = \frac{y - y_0}{uy} = \frac{z - z_0}{uz}$$

–   Recta definida per dos punts P$_0$ i P$_1$. Sigui P un punt qualsevol de la recta:

$$\overline{P_0P} = \mu\overline{P_0P1} \quad \mu \in R$$

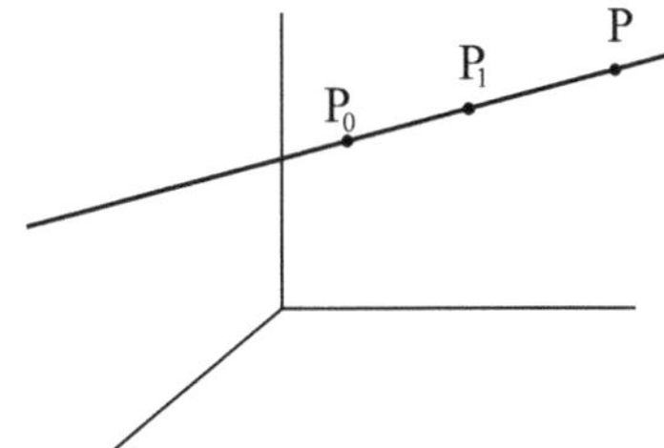

Figura 1.29.
Recta definida per
dos punts P$_0$ i P$_1$

$$\left(x-x_0\right)\bar{i} + \left(-y_0\right)\bar{j} + \left(z-z_0\right)\bar{k} = \left[\left(x_1-x_0\right)\bar{i} + \left(y_1-y_0\right)\bar{j} + \left(z_1-z_0\right)\bar{k}\right]\mu$$

$$\frac{x-x_0}{x_1-x_0} = \frac{y-y_0}{y_1-y_0} = \frac{z-z_0}{z_1-z_0}$$

1.7. Equació d'un pla

— Pla definit per un punt i un vector unitari normal al pla.

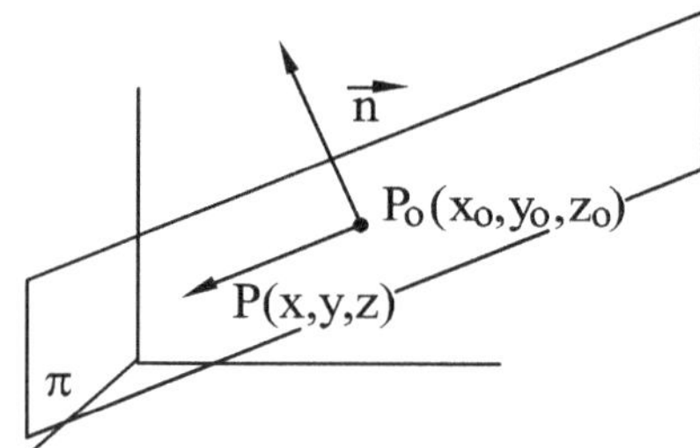

Figura 1.30.
Pla definit a partir d'un punt i un vector unitari normal.

Per a un punt qualsevol P del pla:

$$\bar{n}\cdot\overline{P_0P} = 0\,;\ (A\bar{i}+B\bar{j}+C\bar{k})\cdot[\,(\,x-x0)\bar{i}+y-y0)\bar{j}+(z-z0)\bar{k}\,] = 0$$

$$A\big(x-x0\big)+B\big(y-y0\big)+C\big(z-z0\big)=0$$

$$Ax+By+Cz-(Ax0+By0+Cz0)=0$$

— Pla definit per tres punts P_0, P_1, P_2 (no alineats).

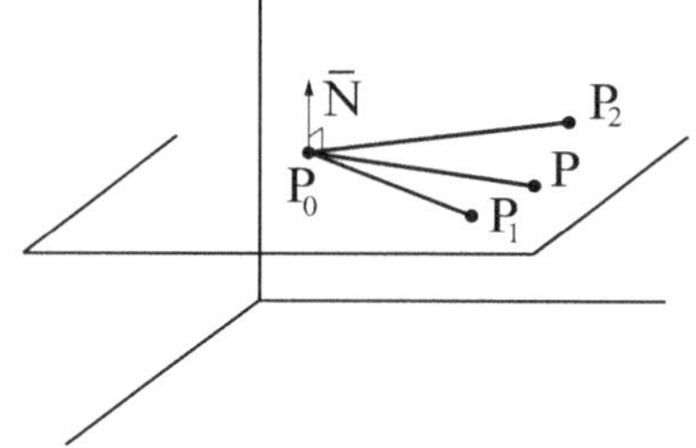

Figura 1.31.
Pla definit per tres punts P_0, P_1 i P_2 i un vector unitari normal

Sigui P un punt qualsevol del pla:

$$\overline{P_0P} = \lambda\overline{P_0P_1} + \mu\overline{P_0P_2} \qquad \lambda,\mu\in R$$

O també

$$\bar{N} = \overline{P_0P_1} \wedge \overline{P_0P_2};\ \bar{N} = A\bar{i}+B\bar{j}+C\bar{k}$$

$$Ax+By+Cz-(Ax0+By0+Cz0)=0$$

1.8. La representació UTM

La representació cartogràfica de la Terra (ja sigui considerada com una esfera o com un el·lipsoide) planteja un problema, ja que no existeix cap mètode per representar tota la superfície desenvolupada sense deformar-la. Les projeccions cartogràfiques estudien les diferents formes de desenvolupar-la minimitzant-ne les deformacions. En tots els casos, els errors es mantenen o es minimitzen, depenent de la magnitud física que es vulgui conservar: la seva superfície, les distàncies, els angles, etc., tenint en compte que únicament es pot conservar una d'aquestes magnituds i no totes alhora. Hi ha dos tipus de projeccions:

- Projeccions planes: quan la superfície que es vol representar és petita i, en conseqüència, l'esfericitat terrestre no influeix en la representació gràfica; per exemple, en petits aixecaments topogràfics, de manera que tots els punts representats són vistos des de la seva perpendicular.

- Projeccions geodèsiques: són projeccions en les quals l'esfericitat terrestre té una repercussió important sobre la representació de les posicions geogràfiques, les superfícies, els angles i les distàncies.

- A més, en funció de les qualitats mètriques que conserven, es tenen:

- Projeccions conformes: són aquelles en què els angles es conserven, amb una relació de semblança d'un valor de "1" al centre de la projecció fins a un valor màxim de "1+η" als límits del camp de projecció. Aquesta alteració "η" és proporcional al quadrat de les distàncies que uneix el centre de la projecció amb el punt que es vol projectar. Aquesta variació en els angles es resol multiplicant totes les escales per un factor de "1-(2/ η)". N'és un exemple la projecció Lambert.

- Projeccions equivalents: són aquelles en què la superfície es conserva després de la projecció. Per exemple, les projeccions de Bonne, sinusoïdal i de Goode.

- Projeccions equidistants: són aquelles que mantenen les distàncies entre dos punts situats a la superfície terrestre (distància representada per l'arc de cercle màxim que les uneix).

- Projeccions afilàctiques: són aquelles en què no es conserven ni els angles ni les distàncies, però les deformacions són mínimes. Un exemple d'aquest tipus de projecció és la projecció estereogràfica polar (*universal polar stereographic*, UPS).

Una projecció no pot ser alhora equivalent i conforme. Segons la finalitat del mapa, s'ha de seleccionar un tipus de projecció o un altre. En cartografia, s'utilitzen sobretot les conformes, atès que interessa la magnitud angular sobre la superficial.

La representació del sistema de coordenades universal transversal de Mercator (*Universal Transverse Mercator*, UTM) és una projecció cartogràfica ideada l'any 1569 per Gerhard Kremer, anomenada Mercator com a resultat de llatinitzar el seu cognom. És un sistema que construeix geomètricament el mapa, de manera que els meridians i els paral·lels es transformen en una xarxa regular i rectangular, i així conserven els angles originals. Es tracta d'una transformació conforme que s'utilitza habitualment, atesa la seva gran importància militar, i tenint en compte que el Servei de Defensa dels Estats Units la va estandarditzar per a al seu ús mundial als anys quaranta.

La UTM pren com a superfície de referència la Terra, representada per un el·lipsoide de revolució. No es tracta d'una projecció geomètrica, sinó d'una representació totalment analítica, que té el seu fonament en la representació analítica conforme de Gauss. Aquesta representació és conforme, és a dir, conserva els angles entre direccions corresponents a l'el·lipsoide i el pla de representació, i, per tant, la semblança de les formes. La projecció UTM ha estat adoptada por la International Union of Geodesy and Geophysics (IUGG).

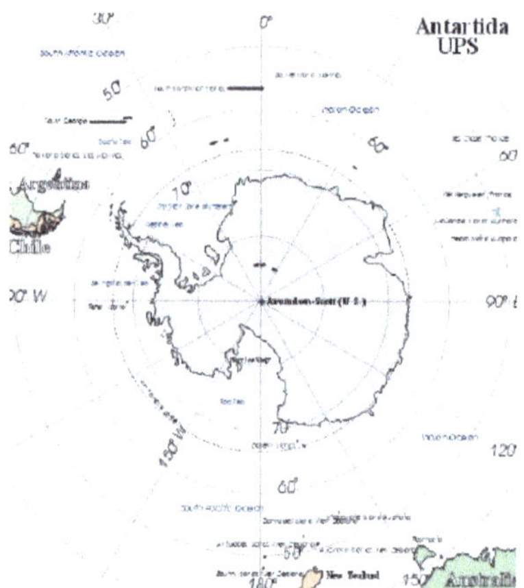

Figura 1.32. Representació de l'Antàrtida amb el sistema UPS. [9]

El sistema UTM s'utilitza entre els 0° i els 84° de latitud nord i els 80° de latitud sud. No s'utilitza a partir dels 80° de latitud, ja que produeix una distorsió més acusada com més gran és la distància des de l'equador, com passa en els pols; per això, s'utilitza tant a l'hemisferi nord com al sud per a les latituds esmentades. Per cartografiar els pols, s'utilitza normalment el sistema de coordenades UPS.

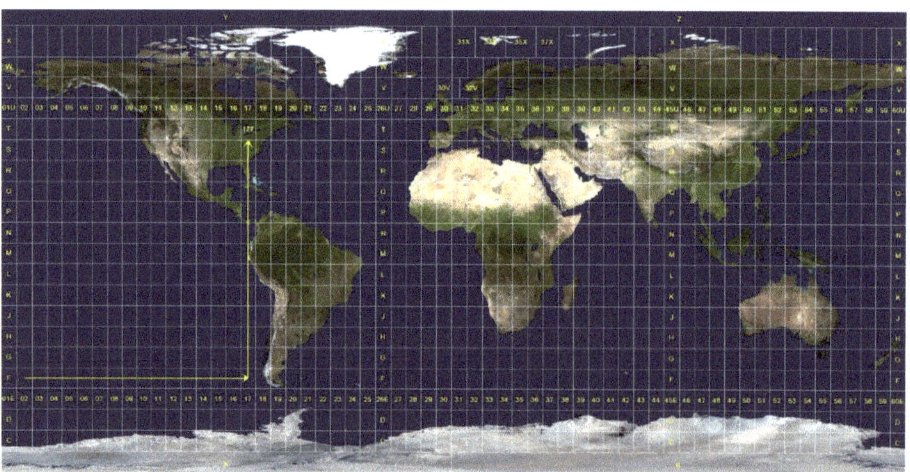

Figura 1.33. Quadrícula de coordenades UTM a tot el planisferi [6]

Aquest sistema de representació plana té el vèrtex de projecció situat a cada un dels pols. La transformació efectuada converteix els paral·lels en circumferències concèntriques amb centre al pol i els meridians en rectes concurrents.

La projecció UTM està dins de les projeccions cilíndriques, per utilitzar un cilindre situat en una determinada posició espacial per a projectar les situacions geogràfiques. Utilitza un cilindre situat de forma tangent a l'el·lipsoide a l'Equador, és a dir, el cilindre de projecció és transversal respecte de l'eix de la Terra. La xarxa creada fa que tant meridians com paral·lels formin una quadricula obliqua; situant-se entre dos paral·lels es forma un angle constant amb els meridians. Donant com a resultat un sistema de coordenades planes que divideix la superfície de la Terra en 60 fusos longitudinals.

Figura 1.34. Cilindre tangent a l'Equador i transversal respecte l'eix de la Terra per a la projecció UTM. [9]

Es defineix un fus com les posicions geogràfiques que ocupen tots els punts compresos entre els dos meridians. El sistema UTM utilitza fusos de 6° de longitud. La projecció UTM genera fusos compresos entre meridians de 6° de longitud generant en cada fus un meridià central equidistant de 3° de longitud. Els fusos es generen a partir del meridià de Greenwich, 0°. Aquesta xarxa creada (*grid*), es forma utilitzant diferents cilindres per generar cada un dels fusos. Cada un dels cilindres utilitzats tangent al meridià central de cada fus, la longitud del qual es de 3°, o múltiple d'aquesta quantitat, amb 6° de separació.

Aquesta situació del cilindre de projecció, tangent al meridià central del fus projectat, fa que únicament una línia es consideri automedica, la del meridià central. Sobre aquesta línia, el mòdul de deformació lineal K és 1, i va creixent linealment a mesura que augmenta la distància respecte a aquest meridià central. Aquesta relació entre les distàncies reals i les projectades presenta un mínim de 1 i un màxim de 1,01003 (distorsió lineal des de 0 fins a 1,003 %).

A excepció del meridià central, la transformada dels meridians són línies corbes que presenten la seva concavitat cap al meridià central. Llevat de l'equador, la transformada dels paral·lels són línies corbes que presenten la seva concavitat cap al pol. La transformada de la línia geodèsica presenta la seva concavitat cap al meridià central.

Les coordenades que s'empren a la UTM es mesuren verticalment sobre direccions paral·leles al meridià central i horitzontalment sobre paral·leles a l'equador, és a dir, s'estableix un sistema d'eixos cartesians X,Y (horitzontals i verticals). Per evitar l'ús de coordenades horitzontals negatives, l'origen de les coordenades horitzontals es desplaça 500.000 m cap a l'oest del meridià central, de manera que la X corresponent al meridià central sigui 500.000 m.

Figura 1.35.
Esquema del càlcul de
les coordenades UTM.
[10]

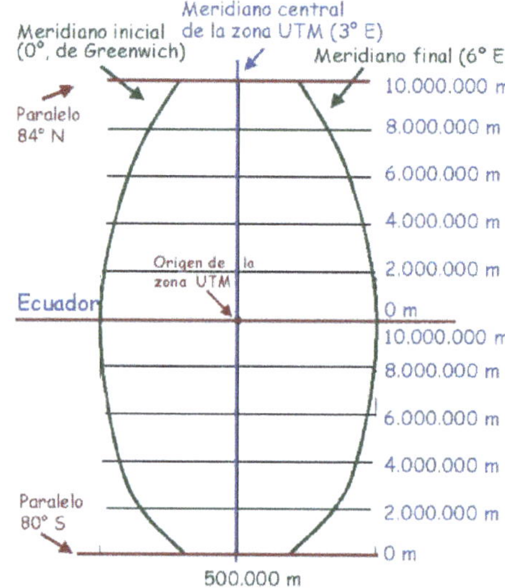

Les coordenades verticals es compten a partir de 0, des de l'equador. En punts de latitud sud, per tal d'evitar l'existència de Y negatives, l'origen es desplaça 10.000.000 m cap al sud.

Les coordenades X augmenten cap a la dreta i les coordenades Y, cap a dalt.

La malla de la UTM es defineix en metres. Totes les coordenades en una zona UTM succeeixen dues vegades, una a l'hemisferi nord i l'altra a l'hemisferi sud, com a conseqüència del fet que hi ha dos orígens a cada zona UTM.

A l'hemisferi sud: *Easting* = X_0 = 500.000 m; *Northing* = X_0 = 10.000.000 m

A l'hemisferi nord: *Easting* = X_0 = 500.000 m; *Northing* = Y_0 = 0 m

Figura 1.36.
Representació del
meridià central i un
meridià a cada
costat d'aquest. [9]

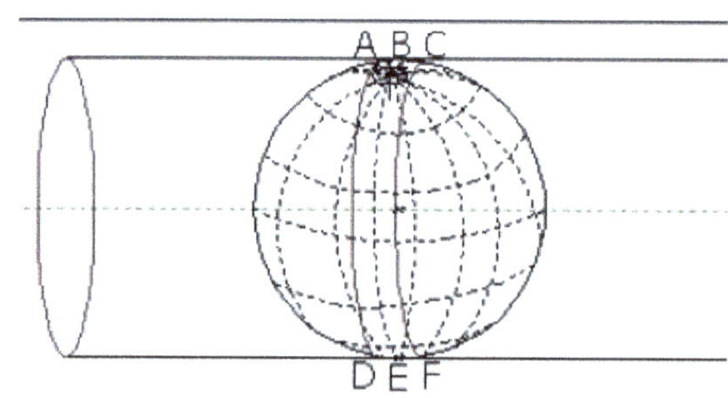

Les coordenades UTM són nombres grans. Les *Easting* són sempre de l'ordre dels centenars de milers i les *Northing* en les latituds mitjanes, de l'ordre dels milions.

Per a evitar que la distorsió de les magnituds lineals augmenti conforme s'augmenta la distancia del meridià central s'aplica un factor Kc a les distancies Kc=0.9996, de manera que la posició del cilindre de projecció sigui secant a l'el·lipsoide, creant-se dos línies en les quals el mòdul d'anamorfosi lineal sigui la unitat.

Per tal d'evitar que la distorsió de les magnituds lineals augmenti a mesura que la distància respecte del meridià central augmenta, s'aplica un factor K_c a les distàncies $K_c = 0{,}9996$, de manera que la posició del cilindre de projecció sigui secant a l'el·lipsoide, creant-se dues línies en les quals el mòdul d'anamorfosi lineal sigui la unitat.

La transformació geomètrica creada amb la projecció fa que només dues línies es considerin rectes (en la mateixa direcció que els meridians i els paral·lels), el meridià central del fus i el paral·lel 0° (equador), en què tots dos coincideixen amb el meridià geogràfic i el paral·lel principal (equador). Per tant, el meridià central està orientat en la direcció del nord geogràfic, mentre que el paral·lel 0° es troba orientat amb rumb 90°-180°, en direcció E i W.

El factor d'escala augmenta més a mesura que la distància del meridià central augmenta. Aquesta distorsió lineal és d'un mínim d'un -0,04 % a un màxim d'un +0,096 %.

El sistema de projecció UTM té com a avantatges que conserva els angles, no distorsiona les superfícies en grans magnituds (per sota dels 80° de latitud), és un sistema que designa un punt o zona de manera concreta (fàcil de localitzar) i també es utilitzat en tot el món.

Sistemes d'informació geogràfica

2.1. Exactitud i precisió dels mesuraments

L'exactitud i la precisió són, juntament amb la incertesa, els conceptes més importants en metrologia. Tenen significats diferents i ben definits, tot i que, col·loquialment parlant, s'utilitzen sovint com a sinònims. Així, es pot tenir un mesurament precís i que, al mateix temps, sigui inexacte.

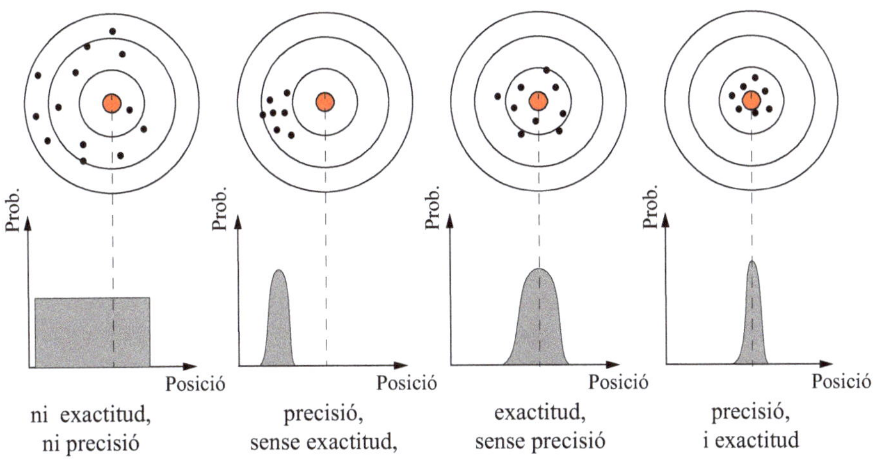

Figura 2.1. Esquema dels diversos tipus de situacions degudes a l'exactitud i a la precisió .

L'*exactitud* es defineix com el grau d'aproximació d'una estimació al valor real, encara desconegut (centre d'eixos). És la proximitat entre el valor mitjà i el valor vertader mesurat. Per tant, un mesurament és més exacte com més petit és l'error de mesurament.

La *precisió* és el grau d'aproximació de les observacions al seu valor mitjà (centre del cercle ombrejat). Depèn únicament de la distribució dels resultats i no està relacionada amb el valor convencionalment vertader del mesurament.

Per tant, en mesuraments repetits, l'exactitud depèn solament de la posició del valor mitjà (resultat) de la distribució de valors, mentre que la precisió no hi juga cap paper.

Aquests conceptes s'apliquen tant als mesuraments com als instruments.

2.2. Els *big data*

Arran del gran desenvolupament que es produeix dia rere dia en les tecnologies de la informació, les organitzacions han hagut d'afrontar nous reptes per poder analitzar, descobrir i entendre més enllà de la informació que els aporten les seves eines tradicionals. Al mateix temps, la gran proliferació de les aplicacions disponibles a internet (la georeferenciació, les xarxes socials, etc.), ha tingut una repercussió important en les decisions de les empreses.

Figura 2.2.
Tota la informació
que pertany als *big data* [12]

En general, els *big data* marquen la tendència en el desenvolupament de la tecnologia que ha obert les portes cap a un nou enfocament de comprensió i presa de decisions. S'utilitzen per descriure enormes quantitats de dades (estructurades, no estructurades i semiestructurades) que requeririen massa temps i un cost massa elevat carregar-les a una base de dades per tal d'analitzar-les. Així, doncs, el concepte de *big data* s'aplica a tota aquella informació que no es pot processar o analitzar emprant els processos o les eines tradicionals.

Els éssers humans estem creant i emmagatzemant informació constantment i cada cop més en quantitats més elevades. I, a més dels éssers humans, també la comunicació denominada màquina a màquina (*machine-to-machine* o M2M) contribueix a la creació de grans quantitats de dades de manera molt important.

Per tot això, es preveu que els *big data* esdevinguin tan importants per a les empreses i per a la societat com ho ha estat internet fins ara. El motiu és que, com més dades es tenen, més precisa és la seva anàlisi, la qual cosa comporta una presa de decisions més realista, que aportant més eficiència en les operacions, com també una reducció dels costos i dels riscos.

Moltes organitzacions estan preocupades per la quantitat de dades que han acumulat, la qual ha esdevingut tan gran que ja els és difícil trobar les peces més valuoses d'informació (el volum de dades arriba a ser tan gran i variat que no se sap què fer-ne; s'emmagatzemen totes les dades; s'ha d'analitzar tot; no se'n poden destacar les dades que són realment importants...). Fins fa poc, les organitzacions s'havien limitat a utilitzar subconjunts de les seves dades, però ara tenen dues opcions:

- Incorporar volums massius de dades en l'anàlisi. Analitzar el conjunt de totes les dades si la resposta que s'està buscant està més ben proveïda en el conjunt global de les dades que no pas en els fragments d'aquestes dades, ja que actualment hi ha tecnologies d'alt rendiment que extreuen valor de quantitats massives de dades.

- Incorporar volums massius de dades per a la seva anàlisi. Analitzar totes les dades, si la resposta que es busca està més ben proveïda, ja que actualment hi ha tecnologies d'alt rendiment capaces d'extreure el valor de quantitats massives de dades.

- Determinar per endavant quines dades són rellevants. Tradicionalment, la tendència ha estat emmagatzemar-ho tot (acaparament de dades), de manera que només en consultar les dades es descobreix el que és rellevant. Ara hi ha la capacitat d'aplicar l'analítica per determinar-ne la rellevància en funció del context. Aquest tipus d'anàlisi determina quines dades s'han d'incloure en els processos d'anàlisi i què es pot guardar en emmagatzematge de baix cost per al seu ús posterior, si és necessari.

2.3. Les *smart cities*

Smart city és un concepte nou que s'aplica a aquelles ciutats en què hi intervenen:

- Les administracions públiques, el benefici de les quals és oferir serveis nous i millors.
- Els ciutadans, com a peça fonamental del desenvolupament de la ciutat.
- L'eficiència energètica i la sostenibilitat, amb vista a un equilibri amb l'entorn i amb els recursos naturals.
- Les tecnologies de la informació i la comunicació (TIC) com a suport i eina facilitadora de la provisió de serveis.
- El ciutadà (a títol individual i privat, o com a col·lectiu, des del punt de vista laboral o de persona/lleure) , com a receptor principal dels serveis que s'hi ofereixen.
- Els entorns (recolzats per sistemes tecnològics) en què es desenvolupa la vida de la ciutat: cases, empreses, mobilitat, turisme, assistència sociosanitària, etc.

Aquests factors creen una diversitat d'entorns sobre els quals es desenvolupen les tecnologies que conformen el que s'anomena *intel·ligència ambiental* (*ambient intelligence*), amb serveis disponibles i ubiqüitat (*ubiquity: anywhere-anytime-any device*).

Els objectius principals d'una *smart city* són:

- La tecnologia i la innovació com a motors
- Eficiència energètica: generació, distribució i ús
- Entorn sostenible: qualitat de l'aire, aigua i soroll
- El desenvolupament econòmic i uns serveis públics de qualitat: clúster tecnològic, sistemes d'indicadors, els ciutadans com a sensors, transport eficient, serveis sociosanitaris, ciutats segures

Una *smart city* integra diferents serveis:

- Persones: oferta de formació, creativitat, participació en la vida pública, integració i pluralitat.
- Economia o negocis: innovació, productivitat, flexibilitat laboral, etc.
- Govern: *e-government*, transparència, estratègies polítiques i participació ciutadana.
- Habitabilitat: oferta cultural, condicions sociosanitàries, seguretat, qualitat de l'habitatge, cohesió social, etc.
- Mobilitat: transport sostenible, control intel·ligent de trànsit i infraestructures TIC.
- Medi ambient: protecció mediambiental, gestió sostenible dels recursos, reducció dels contaminants i predicció meteorològica i al·lèrgica.

En aquest apartat, ens interessem especialment per les eines TIC.

Figura 2.3. SIG aplicat a les *smart cities* [13]

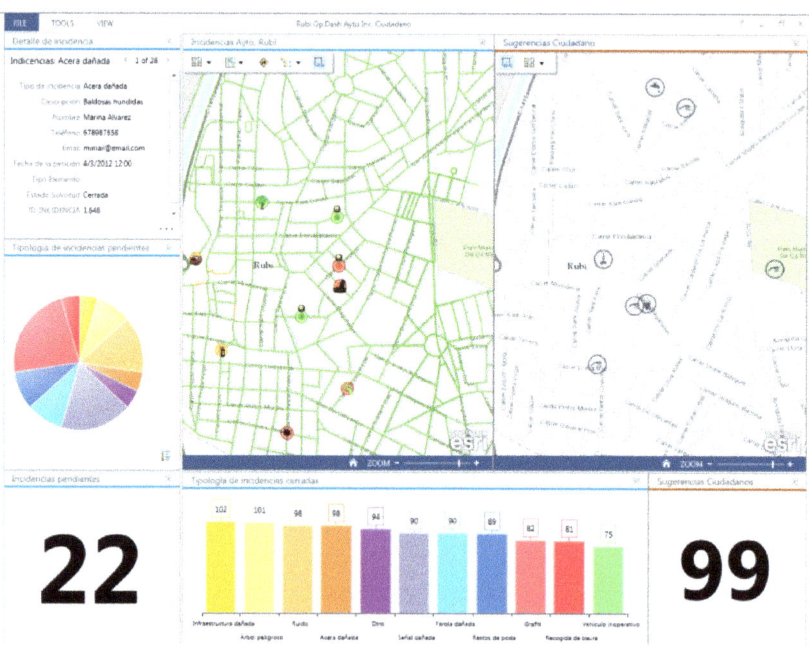

Els sistemes d'informació geogràfica aplicats a les *smart cities* ajuden a gestionar i dissenyar els serveis municipals, a millorar-ne l'eficiència i a abaixar-ne els costos. Les consultes geogràfiques destaquen perquè tant els experts com els ciutadans hi poden accedir ràpidament, perquè milloren l'organització en la presa de decisions i perquè faciliten la modificació de la informació quan es vol actualitzar davant de possibles escenaris futurs.

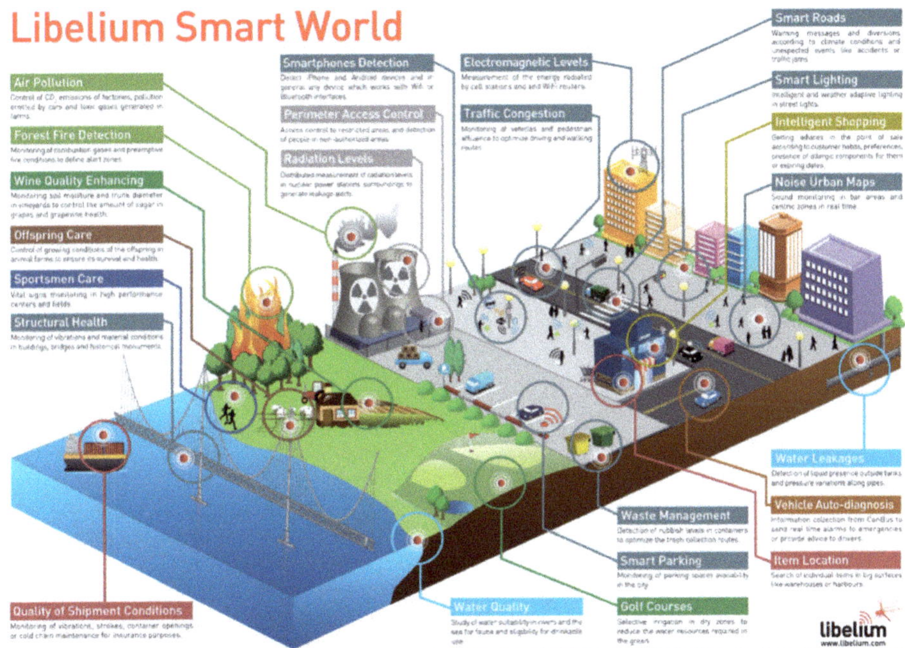

Figura 2.4. Possibilitats de control en una *smart city* [13]

Es tracta de fer una integració de dades a partir dels *big data* i oferir-ne una visió unificada en el programari corresponent, per tal de poder-les analitzar i disposar d'un sistema d'informació geogràfica en temps real, cosa que requereix la incorporació de sensors. El GeoEvent Processor és una extensió d'ArcGIS for Server que rep dades en temps real i els processa generant entitats geogràfiques i alertes.

Alguns casos pràctics que l'Esri proposa en diferents àmbits, amb la gestió dels SIG, són:

Medi ambient i sostenibilitat:

– Aprofitar les energies renovables: conèixer la ubicació de les plaques solars i reduir el cost energètic.

– Reduir l'índex de soroll: crear mapes de capacitat acústica i cercar-hi millores per a la població (subvencions).

- Mobilitat i transports:

  - Com puc arribar a un lloc de manera òptima?: cercar un cost menor en temps i posar a disposició del ciutadà informació sobre el trànsit.

  - On puc actuar?: analitzar l'accidentalitat i els plans locals de seguretat viària.

- Seguretat i sanitat:

  - Optimitzar els serveis: ubicar un centre de dia per a la gent gran i reutilitzar dades internes i externes.

  - Eradicar els delictes: traçar un mapa de la criminalitat i analitzar-la introduint-hi la variable temporal.

- Turisme i cultura:

  - Promoció del municipi: guia interactiva de bars i restaurants, i utilització del ciutadà com a sensor a través de les xarxes socials.

  - Guia turística: publicació d'itineraris.

  - Portal del turisme: escenaris 3D.

  - On porto els fills a escola? Ubicació dels centres educatius i anàlisi de requeriments.

- Economia i gestió pública:

  - Control de la despesa pública: pla de modernització de l'enllumenat públic i d'eficiència energètica tenint en compte la qualitat de vida.

  - Infraestructures per al ciutadà: implantació de fibra òptica i Wi-Fi.

  - On van a parar els meus impostos?: transparència en la gestió pública, i difusió d'ajudes i subvencions.

  - Plans estratègics: quadre de comandaments municipal, eines per a la presa de decisions.

2.4. Visualitzadors de les coordenades UTM

En aquest apartat, es tractaran diferents servidors web o aplicacions de gran utilitat:

Google Maps. És el cercador de carrers més conegut i utilitzat arreu del món per qualsevol tipus d'usuari. Des de Google Maps, es pot buscar un punt qualsevol i obtenir-ne les coordenades UTM. Només s'ha de fer clic amb el botó dret del ratolí sobre aquell punt del qual es volen saber les coordenades. Immediatament apareix un desplegable amb diverses opcions. Seleccionant "Què hi ha aquí?", se n'obtenen directament les coordenades, com es pot veure a la imatge següent:

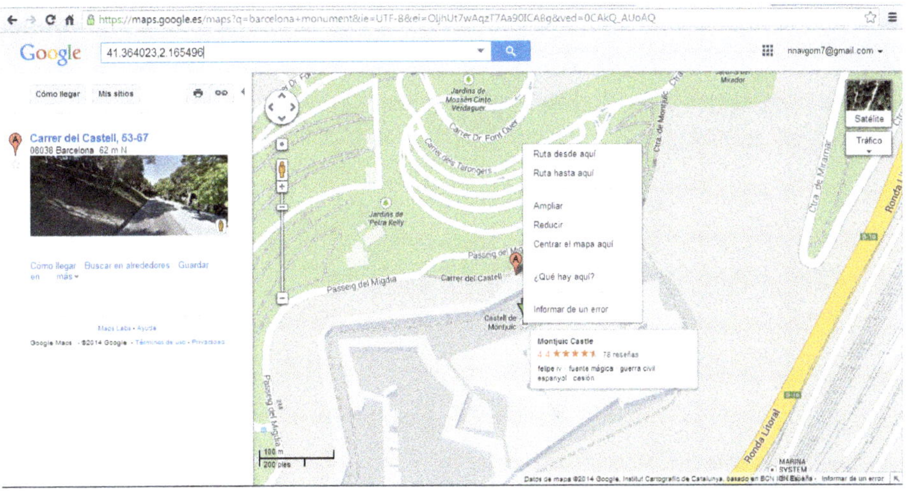

Figura 2.5.
Pantalla de Google Maps amb la ubicació del punt [14]

També apareixen les coordenades quan se situa el punter del ratolí sobre el punt.

D'altra banda, podem escollir si volem veure el mapa de carrers o el mapa de satèl·lit; per conèixer les coordenades d'un punt concret, és millor utilitzar la vista satèl·lit.

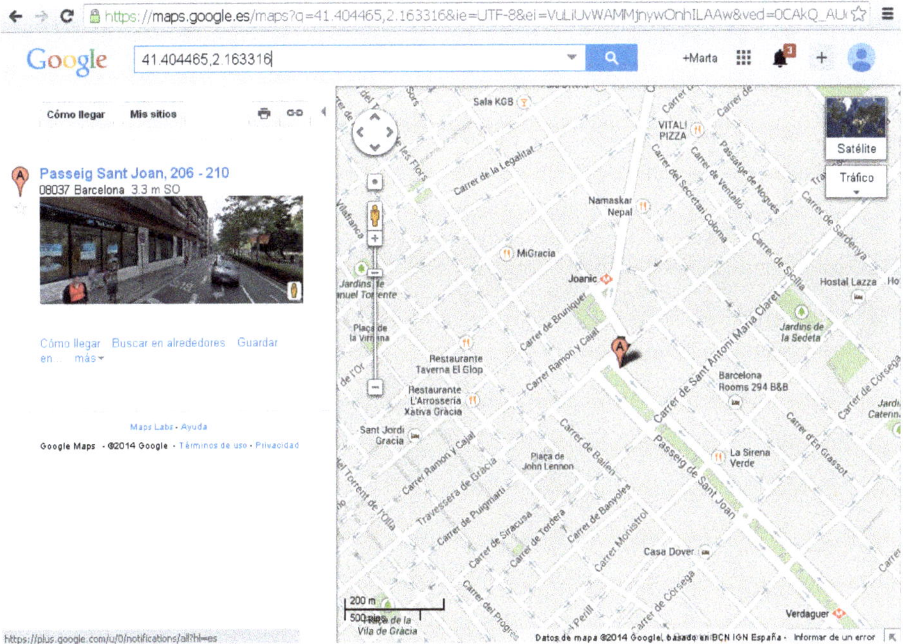

Figura 2.6.
Introducció de les coordenades per teclat i ubicació del punt [14]

Si, en canvi, volem cercar un punt del qual ja tenim les coordenades UTM, les hem d'escriure al cercador de Google i directament ens mostra el punt a sobre del mapa. La forma correcta d'escriure les coordenades al buscador és fer servir un punt per separar els enters dels decimals i una coma per separar les dues coordenades (latitud i longitud).

Google Earth. És un cercador i visualitzador de mapes de la Terra, que es pot descarregar fàcilment des de la pàgina web oficial i és gratuït. Per buscar un punt del qual ja tenim les coordenades UTM, primer hem de configurar el visualitzador perquè busqui coordenades en projecció UTM. A la barra d'Eines/Opcions/Vista 3D, seleccionem l'apartat "Mostrar lat./long." i marquem la casella Universal Transversal de Mercator. Si volguéssim buscar un punt amb una altra projecció, hauríem de modificar els paràmetres, de la manera següent:

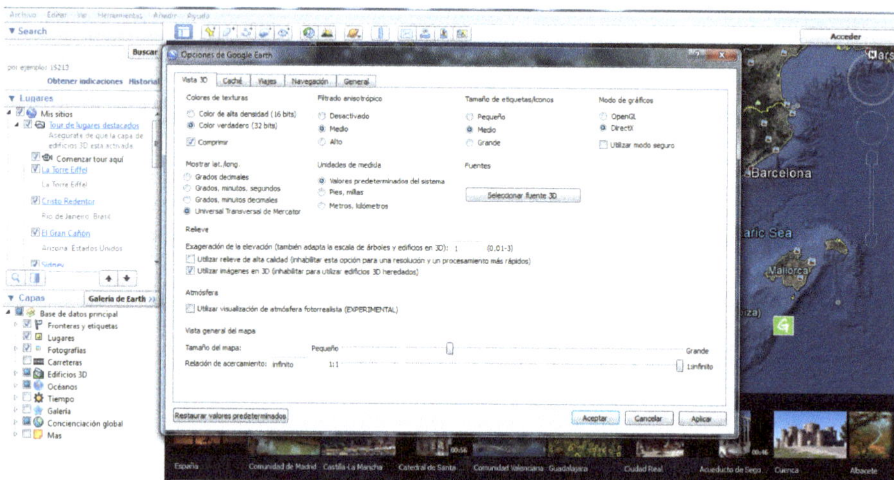

Figura 2.7. Pantalla d'opcions del Google Earth on permet canviar la projecció a UTM [15]

Hem de fer clic al botó de la xinxeta groga 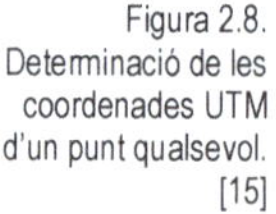 que apareix a sota de la barra d'eines principal per situar el punt a les coordenades que tenim i introduir-les al requadre que apareix a continuació. També podem situar el punt on vulguem, si no en tenim les coordenades exactes, i mirar quines coordenades ens surten. També podem canviar el tipus de xinxeta que volem amb el botó que hi ha a la dreta del nom.

Figura 2.8. Determinació de les coordenades UTM d'un punt qualsevol. [15]

A la pestanya "Veure", podem veure les coordenades UTM del punt o introduir-les nosaltres mateixos. A banda d'això, també hi podem introduir moltes dades més, que donaran més precisió al punt:

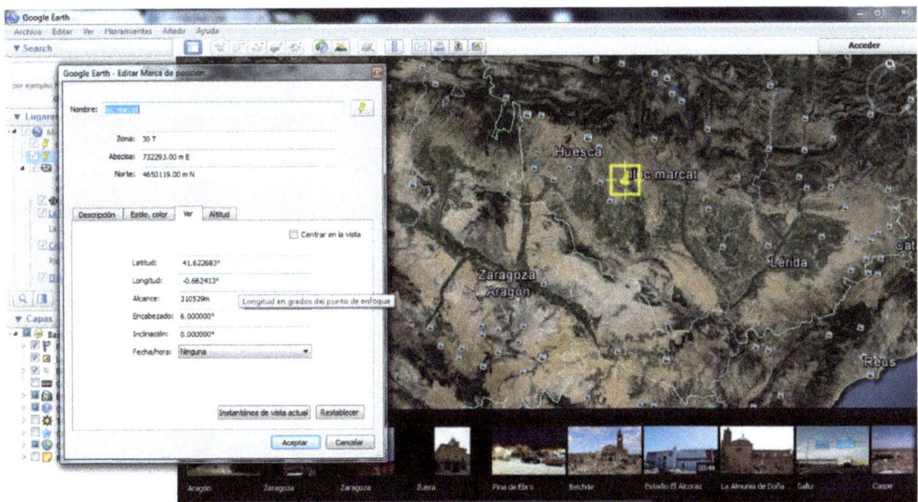

Figura 2.9. Diferents formes de veure les coordenades d'un punt. En UTM i en coordenades georàfiques. [15]

Podem donar nom a la ubicació i desar-la, arrossegant-la fins a "Els meus llocs". Així, cada cop que obrim Google Earth, ens sortirà la ubicació guardada, que també podem ocultar, si no ens és necessària, esborrar-la o modificar-la en qualsevol moment.

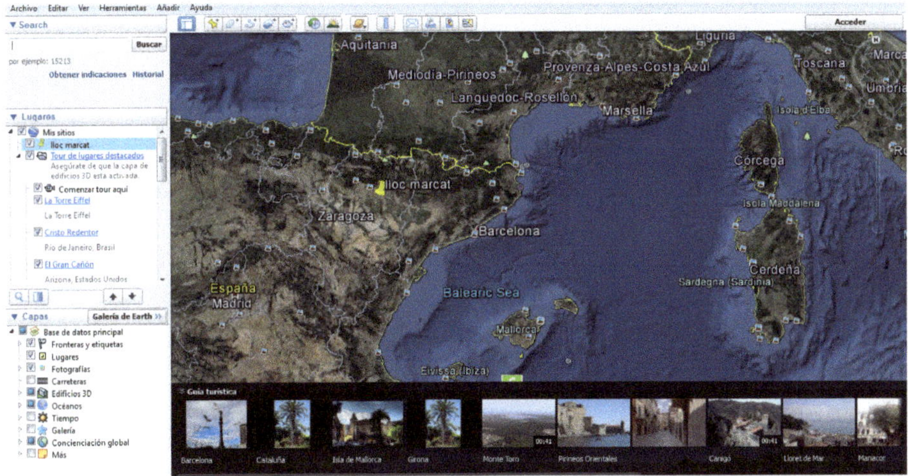

Figura 2.10. Google Earth ofereix l'opció de guardar una ubicació creada . [15]

A més, si volem cercar les coordenades d'un punt concret, només hem d'arrossegar la xinxeta fins a aquest punt del mapa i anar al botó de la xinxeta, que ja ens les mostra. És un mètode molt fàcil d'obtenir coordenades dels punts en diferents projeccions, però no té tanta precisió com altres programes o pàgines web, ja que abasta tot el planeta i no una regió concreta.

ICGC. La pàgina web de l'Institut Cartogràfic i Geològic de Catalunya també ens ofereix eines per cercar les coordenades UTM a la regió de Catalunya. En primer lloc, hem d'entrar a Vissir3, des de l'apartat Geodèsia i Cartografia / Geoinformació digital / Veure i descarregar.

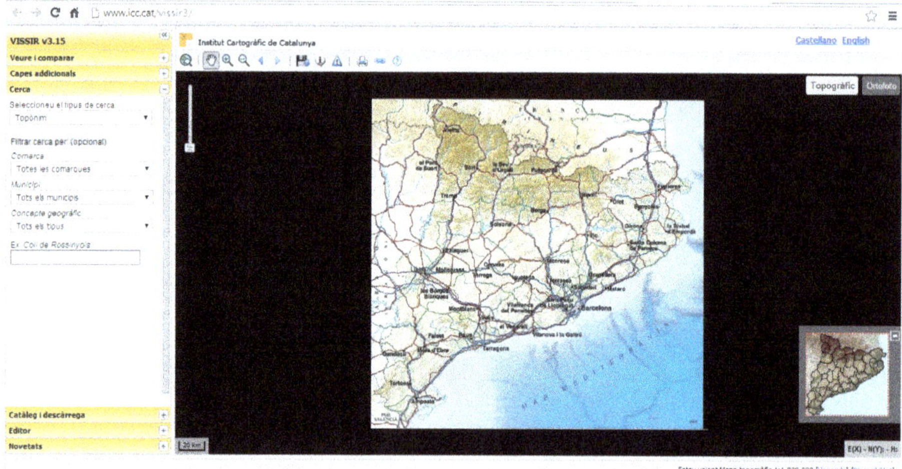

Figura 2.11. Captura de pantalla inicial del servidor ICGC. [16]

Busquem llavors la zona de la qual volem obtenir les coordenades del punt i fem clic al botó d'informació de la barra d'eines que hi ha damunt del mapa. Per cercar el punt, es pot seleccionar la vista topogràfica o la vista amb ortofoto. En aquest cas, quan cliquem algun punt del mapa, ens apareixeran les coordenades UTM en ED50 i ETRS89. També podem mirar les coordenades a la part de sota del mapa de localització. És un mètode molt senzill d'obtenir coordenades i té bastant precisió, perquè se centra en aquesta regió.

Figura 2.12. Determinació de les coordenades d'un punt arbitrari. Es mostren en coordenades UTM i geogràfiques amb els sistemes ETRS89 i ED50, ja en desús. [16]

Pàgina de l'ICGC a Facebook. Publica actualitzacions dels esdeveniments que farà pròximament, com ara xerrades, etc. També mostra notícies de les actualitzacions dels diversos mapes i incorpora una botiga electrònica que permet accedir automàticament a la compra de mapes i d'algun llibre. Es va actualitzant amb els canvis que es van fent a la pàgina de Facebook. Si es vol més informació, es pot accedir a la pàgina oficial de l'ICGC.

Figura 2.13. Pàgina web de facebook de l'ICGC. [17]

GPS Test. És una aplicació per a telèfons mòbils. Es basa a utilitzar el posicionament dels satèl·lits, que emeten un senyal, amb el GPS del mòbil, que fa de receptor del senyal d'aquests. Cal anar presencialment al punt del qual es volen obtenir les coordenades i esperar uns minuts sense moure el mòbil. Si és un punt d'alguna xarxa del qual es poden saber les coordenades, aquestes es podem comparar amb les que surten al mòbil per comprovar-ne la precisió. També mesura les altures per sobre del nivell mitjà del mar. És un mètode molt limitat a la zona on està el mòbil, però permet comprovar les coordenades a diferents hores del dia i com es van movent els satèl·lits.

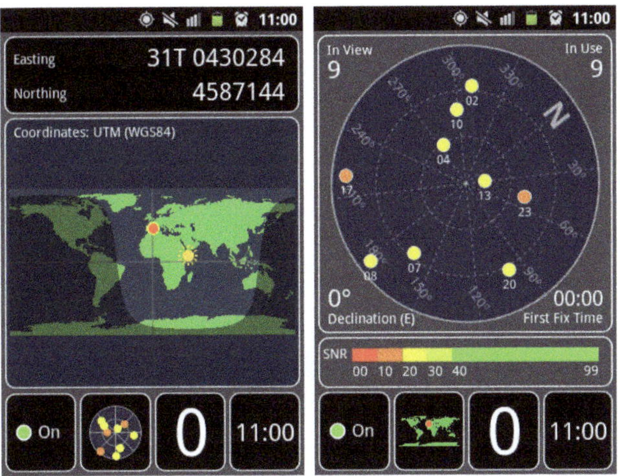

Figura 2.14. Captures de pantalla de l'aplicació mòbil GPS Test. (Esquerra) coordenades UTM del punt observat i (dreta) representació gràfica dels satèl·lits GPS disponibles durant la observació. [18]

Reverse Geocode. És una aplicació molt senzilla i gratuïta, que es pot baixar fàcilment des del Play Store del mòbil. Consisteix a introduir les coordenades UTM a la barra del cercador amb el format que es mostra a les imatges, i immediatament ens posiciona, mostrant el lloc que hem triat. El visualitzador és igual al de Google Maps: es pot veure el mapa de carrers i el mapa de satèl·lits. També té la funció de Street View.

Figura 2.15. Captures de pantalla de l'aplicació. [19]

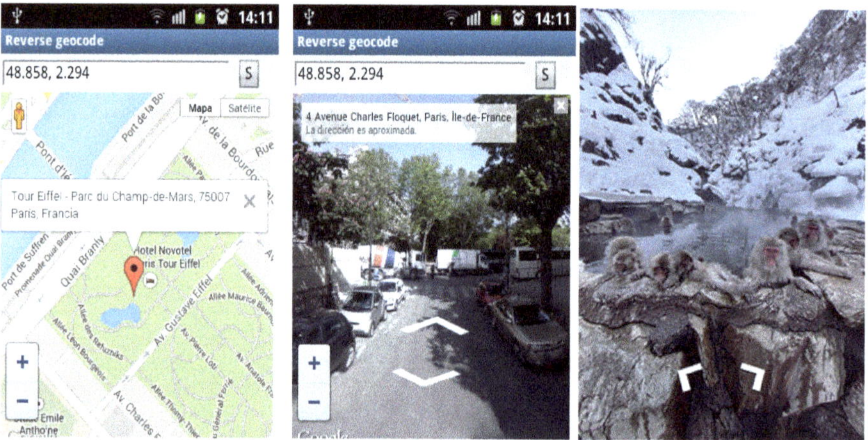

2.5. Calculadores geodèsiques

Figura 2.16. Captura de pantalla de la calculadora geodèsica de l'ICGC. [16]

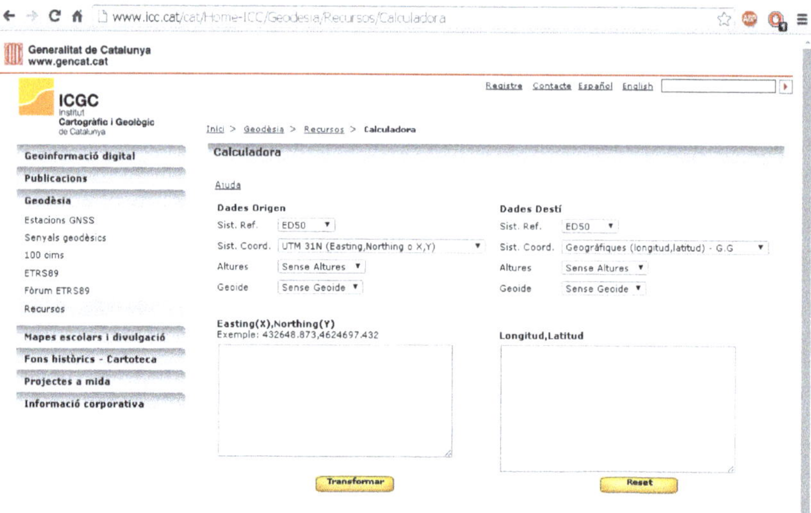

L'automatització dels processos de transformació entre sistemes de coordenades es coneix amb el nom genèric de *calculadora geodèsica*. Aquí es presenten les calculadores geodèsiques següents:

–   La de l'Institut Cartogràfic i Geològic de Catalunya (ICGC)

–   La de l'Instituto Geográfico Nacional (IGN)

S'accedeix a la calculadora de l'Institut Cartogràfic i Geològic de Catalunya des de la pàgina principal de l'ICGC, anant a l'apartat Geodèsia / Recursos / Calculadora. Permet triar entre els sistemes de referència ED50 o ETRS89, i els sistemes de coordenades poden ser UTM, geocèntriques o geodèsiques, segons les coordenades que tinguem. Les altures poden ser el·lipsoïdals, si estan referides a l'el·lipsoide, o ortomètriques, si estan referides al geoide. També es dóna un exemple de com introduir les coordenades segons el format que hàgim triat.

Pel que fa a la calculadora de l'IGN, permet triar entre sistemes de coordenades geodèsics o UTM (ETRS89 o ED50). També hi ha l'opció de copiar un URL amb el punt marcat (fitxer GML) sobre un mapa, i el resultat és també l'URL d'un fitxer GML. Aquesta calculadora és més senzilla, ja que no dóna l'opció d'escollir geoide de referència.

Figura 2.17. Calculadora geodèsica del IGN per a la transformació de coordenades. [20]

El Programa d'Aplicacions Geodèsiques (PAG). Es pot baixar de la pàgina web de l'IGN i té diverses funcions. Una d'elles és la de calculadora geodèsica, la qual, com en els altres casos, permet transformar coordenades UTM a geodèsiques, i viceversa. En aquest cas, les coordenades poden estar en el sistema ETRS89 o ED50, perquè també fa la conversió de sistema.

Una altra funció que té és la de visualitzador de dades de les estacions permanents de GPS, en què es pot escollir l'interval de la presa de dades i la data en què s'han obtingut.

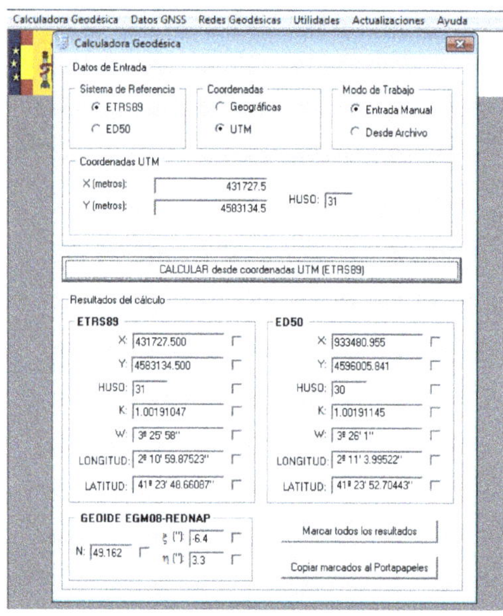

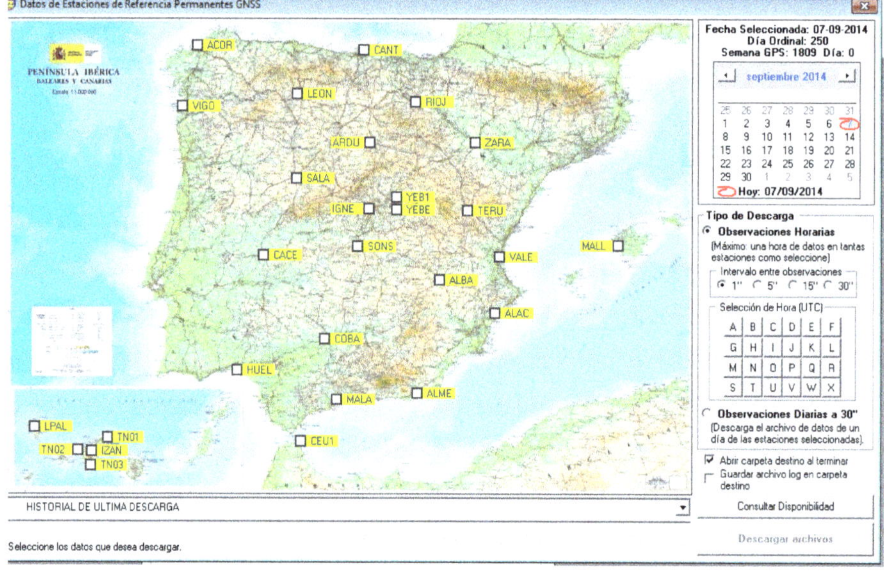

També compta amb un visualitzador de xarxes geodèsiques que permet veure les estacions permanents GNSS, els vèrtexs de la xarxa espanyola REGENTE, els vèrtexs de la xarxa d'ordre inferior (ROI) i els senyals d'anivellament. La llegenda del costat mostra els diferents elements posicionats en el mapa.

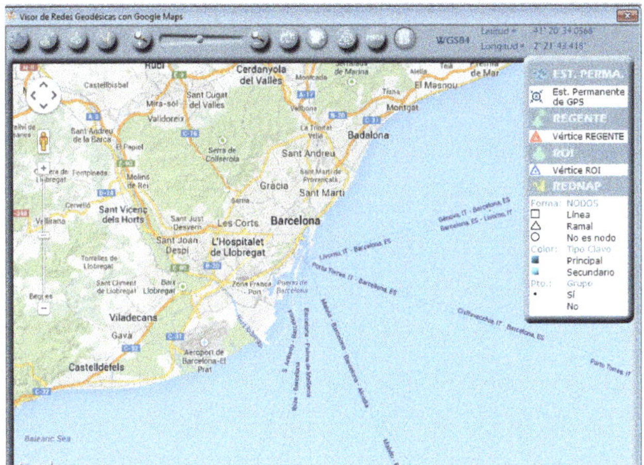

Figura 2.20. Visualitzador de xarxes geodèsiques, *programa de aplicaciones geodésicas*, de l'IGN. [20]

També permet visualitzar el mapa amb diferents vistes (mapa satèl·lit, mapa de carrers, mapa de relleu o una ortofoto del Pla Nacional d'Ortofotografia Aèria). A més, podem veure que a cada moment ens dóna les coordenades geogràfiques del punt en què estem situats, amb el sistema WGS84.

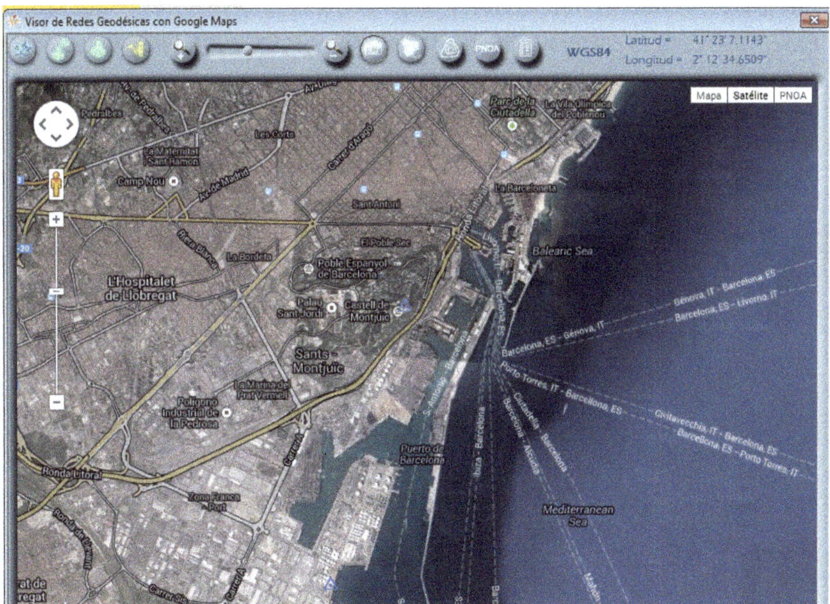

Figura 2.21. Visualitzador de xarxes geodèsiques amb vista de satèl·lit del Programa d'Aplicacions Geodèsiques de l'IGN [20]

Una altra funció de la pestanya d'utilitats és el càlcul dels diversos elements que es podrien necessitar per traçar un mapa, com ara les longituds, les latituds, les distàncies i els azimuts de diversos punts. En aquest cas, el programa ofereix dues opcions. La primera permet calcular un punt B a partir de les dades proporcionades per un punt A; l'altra opció permet calcular, a partir de les dades dels dos punts, els azimuts necessaris i la distància entre aquests dos punts.

Dintre de la mateixa pestanya d'utilitats, trobem una altra calculadora, de transformació de les coordenades geogràfiques a X, Y, Z. En aquest cas, també ens donen dues opcions: transformar les coordenades geogràfiques a cartesianes geocèntriques amb el sistema WGS84, o transformar les coordenades cartesianes geocèntriques a coordenades geogràfiques, també amb el sistema WGS84. En aquest últim cas, accepta l'entrada d'un fitxer amb les coordenades i dóna un altre fitxer amb les coordenades resultants.

Finalment, hi ha una pestanya que permet informar de l'estat de les xarxes geodèsiques, en què es pot informar l'IGN directament sobre les modificacions a la xarxa.

National Geospatial-Intelligence Agency (NGA). La calculadora d'aquesta pàgina web, que es mostra a continuació, és molt senzilla. Bàsicament, s'escriuen les coordenades i es pot triar que la mesura sigui en metres o en peus. El resultat dóna l'altura sobre el geoide. La calculadora, per si mateixa, no fa transformacions d'altures, però explica com es poden calcular.

National Geodetic Survey (NGS). És una utilitat en línia que permet convertir coordenades UTM a longitud i latitud, o també convertir la longitud i la latitud a coordenades UTM.

EPSG Geodetic Parameter Dataset del Subcomitè de Geodèsia del Comitè de Geomàtica de l'Associació Internacional de Productors de Petroli i Gas (OGP). Cal registrar-se per poder accedir a la calculadora.

Open Web Transformation Service. Pertany a l'Open Geospatial Consortium i busca l'estandardització oberta i interoperable dintre dels SIG i de la WWW. S'han de descarregar els programes des de la seva pàgina web.

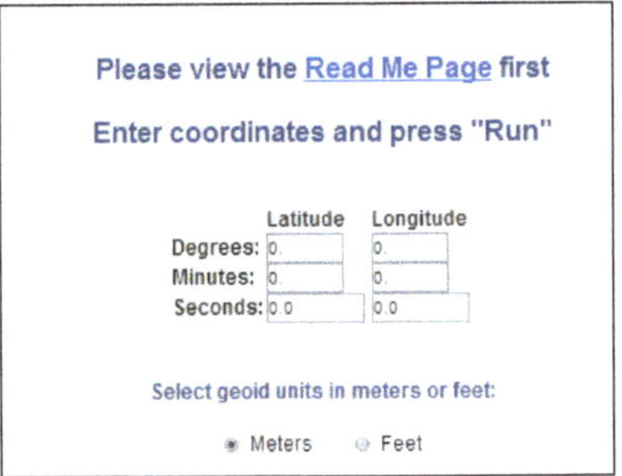

Figura 2.24.
Pantalla principal de
la calculadora de la
NGA [21]

CoordTransform. És una aplicació molt senzilla i molt pràctica, en què es pot escollir un el·lipsoide de referència (d'entre els 58 el·lipsoides que hi ha actualment), que transforma les coordenades geodèsiques a UTM, i a l'inrevés, però no és capaç de transformar coordenades d'un el·lipsoide a un altre. Hi ha diversos formats per introduir les coordenades de latitud i longitud: graus decimals (DD.DDD), graus/minuts decimals (DD MM.MMM) i graus/minuts i segons dècimals (DD MM ss.sss). El format d'entrada UTM és: nord, est, zona i hemisferi. També s'hi poden introduir les coordenades utilitzant el mapa de Google, arrossegant el marcador fins al punt on volem. És una eina molt útil, ràpida i senzilla d'utilitzar.

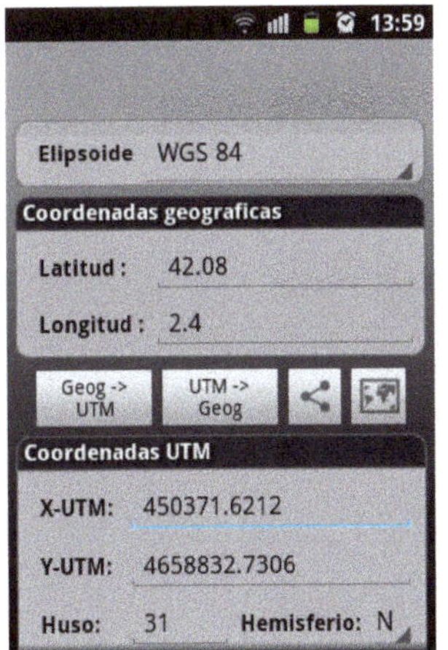

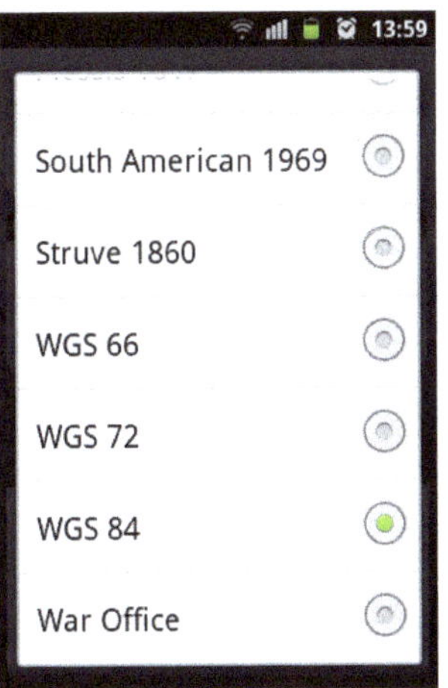

Figura 2.25.
Captures de Pantalla
de l'aplicació mòbil
CoordTransform. [25]

Conversor de coordenades. És una altra aplicació que serveix per fer el canvi de coordenades, però aquesta és més senzilla que l'anterior. Es poden transformar coordenades tant del punt on som com del punt que volem. Disposa d'una guia amb preguntes freqüents. El posicionament absolut s'ha de fer en zones a l'aire lliure, amb el GPS del mòbil, perquè així no hi ha interferències per rebre el senyal dels satèl·lits. Aquesta aplicació no té mapes, de manera que només mostra les coordenades transformades.

Figura 2.26.
Captures de pantalla
de l'aplicació [26]

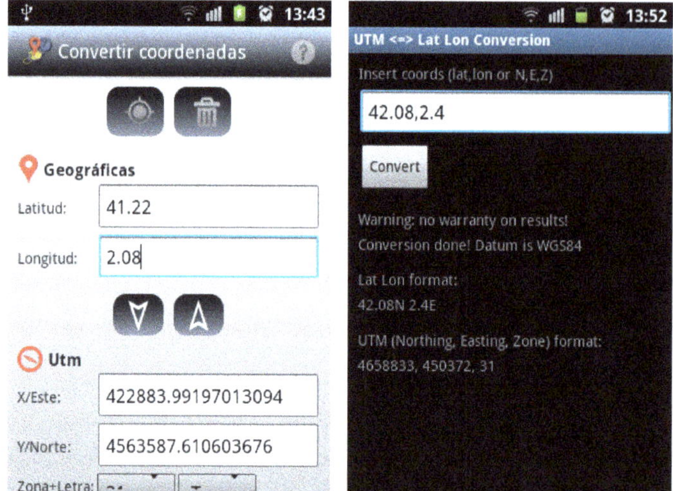

13:43
Convertir coordenadas
Geográficas
Latitud: 41.22
Longitud: 2.08
Utm
X/Este: 422883.99197013094
Y/Norte: 4563587.610603676
Zona+Letra:
13:52
UTM <=> Lat Lon Conversion
Insert coords (lat,lon or N,E,Z)
42.08,2.4
Convert
Warning: no warranty on results!
Conversion done! Datum is WGS84
Lat Lon format:
42.08N 2.4E
UTM (Northing, Easting, Zone) format:
4658833, 450372, 31

→3

El camp gravitatori de la Terra

3.1. Introducció al camp gravitatori: la llei de la gravitació universal

La revolució en la comprensió del moviment dels planetes i els cossos celestes ha estat fonamental al llarg de la història. Cap a l'any 140 aC, segons la teoria geocèntrica de Ptolemeu, se suposava que la Terra era esfèrica –a diferència d'Homer (900 aC) i de Tales de Milet (600 aC), que la suposaven plana– i que ocupava el centre de l'univers.

Copèrnic va introduir una nova visió, heliocèntrica, de l'univers, en què el Sol i les estrelles estaven fixes, mentre que la Terra i els planetes giraven en cercles al voltant del Sol (*De revolutionibus orbium coelestium*, 1543). Al segle XVI, l'astrònom Tycho Brahe va estudiar els moviments dels planetes mitjançant observacions precises. Cap al 1609, Kepler, com a resultat d'aquestes observacions, va anunciar les lleis que són una descripció cinemàtica del moviment planetari:

- Primera llei: "Tots els planetes es mouen en òrbites el·líptiques amb el Sol en un dels focus."

- Segona llei: "La recta que uneix qualsevol planeta amb el Sol abasta àrees iguals en temps iguals."

- Tercera llei: "Els quadrats dels períodes són directament proporcionals als cubs dels semieixos majors de les òrbites dels planetes."

Galileu (1564-1642) va utilitzar les observacions astronòmiques i, amb l'ajuda d'un telescopi, va observar els planetes i el moviment dels seus satèl·lits.

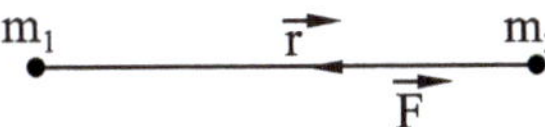

Figura 3.1.
Esquema de l'atracció de masses m_1 i m_2 per una força F

Posteriorment, Newton (1643-1727), per tal d'explicar la dinàmica del moviment planetari, va publicar els seus *Principia* (1687), la famosa llei de la gravitació universal, vàlida per a tots els cossos de l'univers: "La interacció gravitatòria entre dos cossos es pot representar per una força atractiva central, que és directament proporcional al producte de les seves masses i inversament proporcional al quadrat de la distància entre ells.".

$$\bar{F} = -G\frac{m_1 m_2}{r^2}\cdot\frac{\bar{r}}{r}$$

essent $G = 6,67\cdot 10^{-11}$ N·m^2/kg^2 la constant de la gravitació universal.

Funció potencial gravitacional

$\bar{F} = \mathrm{grad}\,V$

$$-G\frac{m_1 m_2}{r^2}\cdot\frac{\bar{r}}{r} = grad\left(G\frac{m_1 m_2}{r}\right) \quad F_x = \frac{\partial V}{\partial x}, \quad F_y = \frac{\partial V}{\partial y}, \quad F_z = \frac{\partial V}{\partial z}$$

També s'escriu $\bar{F} = \nabla V$.

Es comprova que $\mathrm{rot}\,\bar{F} = \nabla \wedge \bar{F} = \bar{0} \rightarrow$ camp de forces $\bar{F}$ és irrotacional.

3.1.1. El camp gravitatori

Sigui una massa M i, en les seves proximitats, en diferents posicions, es considera una massa m. Aquesta queda sotmesa a una força gravitacional:

$$\bar{F} = -G\frac{Mm}{r^2}\cdot\frac{\bar{r}}{r}$$

Es diu que M genera al seu voltant un camp gravitatori.

S'anomena *intensitat del camp gravitatori en un punt* la força que s'exerceix per unitat de massa:

$$\bar{g}(r) = \frac{\bar{F}}{m} \rightarrow \bar{g}(r) = -\frac{GM}{r^2}\cdot\frac{\bar{r}}{r}$$

Dimensionalment, $\bar{g}(r)$ és una acceleració.

El camp gravitatori s'adreça sempre cap a la massa M que el produeix.

3.1.2. El potencial gravitatori

$$V = \frac{GM}{r} \text{ ; es compleix } \quad g = grad\ V \rightarrow \quad g_x = \frac{\partial V}{\partial x} \ ; \quad g_y = \frac{\partial V}{\partial y} \ ; \quad g_z = \frac{\partial V}{\partial z}$$

És el potencial per unitat de massa col·locat en el camp gravitatori. V és una funció escalar.

S'escriu:

$$V_{xx} = \frac{\partial^2 V}{\partial x^2} \ ; \quad V_{yy} = \frac{\partial^2 V}{\partial y^2} \ ; \quad V_{zz} = \frac{\partial^2 V}{\partial z^2}$$

$$V_{xy} = \frac{\partial^2 V}{\partial x \partial y} \ ; \quad V_{xz} = \frac{\partial^2 V}{\partial x \partial z} \ ; \quad V_{yz} = \frac{\partial^2 V}{\partial y \partial z}$$

Verificant l'equació diferencial de Laplace:

$$\Delta V = 0 \text{ a partir de } \frac{\partial^2 V}{\partial x^2} + \frac{\partial^2 V}{\partial y^2} + \frac{\partial^2 V}{\partial z^2} = \Delta V \quad \text{(laplaciana de V)}$$

3.1.3. La constant gravitacional, G

És la més antiga de les constants de la natura, tot i que és una de les menys conegudes de forma precisa. La primera determinació experimental de G la va fer Henry Cavendish l'any 1798 utilitzant una balança de torsió. Els seus resultats van donar un valor de $(6{,}754 \pm 0{,}123) \cdot 10^{-11}$ Nm^2 kg^{-2}.

Actualment, un valor acceptat és $(6{,}67259 \pm 0{,}00085) \cdot 10^{-11}$ Nm^2 kg^{-2}. Dos-cents anys d'esforç experimental han millorat el valor de G només per un factor de 100.

Els experiments a la superfície terrestre estan limitats fonamentalment per la microsismicitat i la petita acceleració deguda a la rotació terrestre. Es va fer un experiment amb el satèl·lit *Gravity Probe B* (GP-B) de la NASA y la Universitat de Stanford. El satèl·lit fou llançat el 20 d'abril de 2004 en una òrbita polar de 640 km d'alçada. Portava quatre giroscopis criogènics de tecnologia avançada per mesurar l'efecte geodèsic, és a dir, la curvatura de l'espai i del temps al voltant d'un cos gravitacional. Va prendre mesures entre el 24 d'agost de 2004 i el 14 d'agost de 2005.

Els resultats del GP-B els va fer públics la NASA a Washington el 4 de maig de 2011 i estan d'acord amb les prediccions teòriques d'Einstein respecte a l'efecte geodèsic, de manera que corroboren la teoria general de la relativitat i la constància de G. Aquesta teoria té un paper essencial en el nostre coneixement de la natura i proporciona una base teòrica de la descripció del món macroscòpic, el big bang, l'estructura a gran escala de l'univers, la mecànica celeste relativista del sistema solar, la definició del temps atòmic internacional, etc.

Figura 3.2. Determinacions de la constant gravitacional segons els anys.

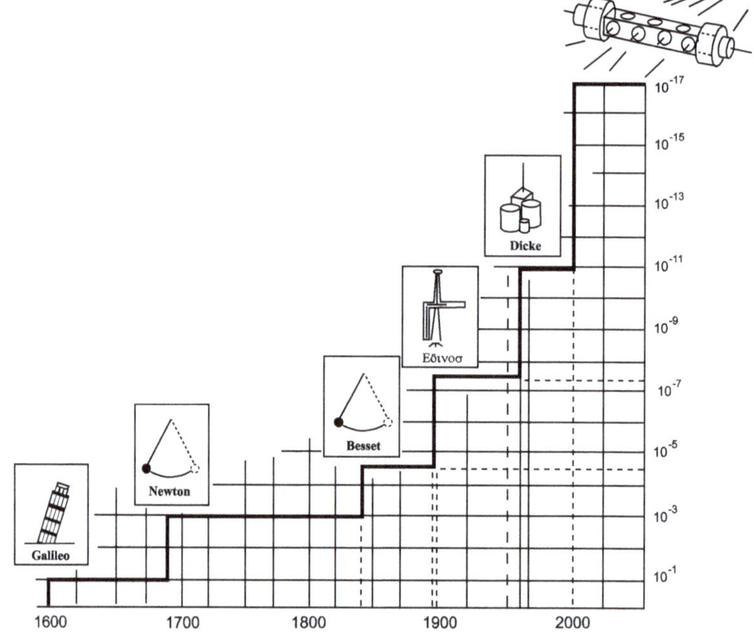

Figura 3.3. Efectes que es produeixen sobre un satèl·lit. [28]

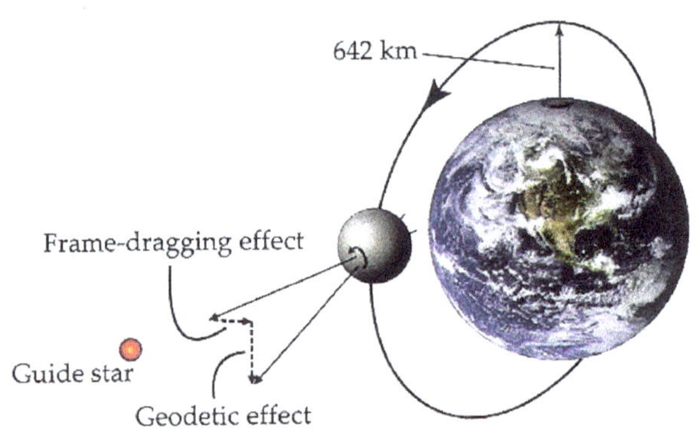

El camp de forces de la força de l'atracció gravitatòria del potencial és $V = \dfrac{GM}{r}$

$$V = \frac{GM}{r} = GM\,\frac{1}{\sqrt{x^2 + y^2 + z^2}} = GM(x^2 + y^2 + z^2)^{-1/2}$$

$$\frac{\partial V}{\partial x} = GM\,\frac{\partial}{\partial x}(x^2 + y^2 + z^2)^{-1/2} = -GMx(x^2 + y^2 + z^2)^{-3/2} = -GMx\left(r^2\right)^{-3/2} = -GMxr^{-3}$$

$$\frac{\partial V}{\partial y} = GM\frac{\partial}{\partial y}(x^2+y^2+z^2)^{-1/2} = -GMy(x^2+y^2+z^2)^{-3/2} = -GMy\left(r^2\right)^{-3/2} = -GMyr^{-3}$$

$$\frac{\partial V}{\partial z} = GM\frac{\partial}{\partial z}(x^2+y^2+z^2)^{-1/2} = -GMz(x^2+y^2+z^2)^{-3/2} = -GMz\left(r^2\right)^{-3/2} = -GMzr^{-3}$$

$$gradV = \nabla V = -GMxr^{-3}\,\overline{i} - GMyr^{-3}\,\overline{j} - GMzr^{-3}\overline{k} = -\frac{GM}{r^2}\cdot\frac{\overline{r}}{r} = \overline{F}$$

3.1.4. La gravetat efectiva de la Terra

La gravetat "és l'efecte combinat de l'atracció gravitacional de la Terra i l'acceleració centrífuga."

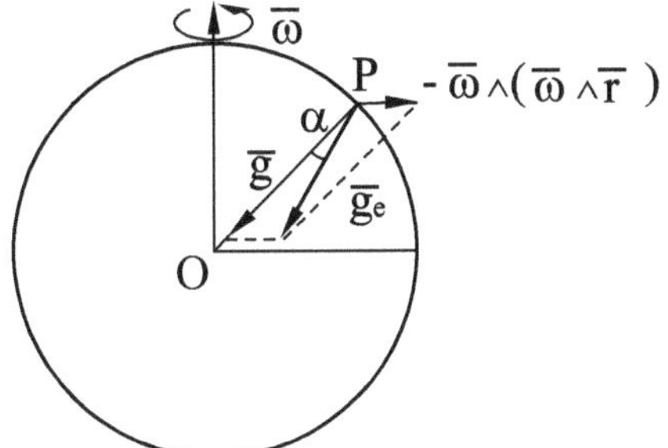

Figura 3.4.
Gravetat efectiva

Sigui P un punt sobre la superfície terrestre, respecte a un sistema inercial $m\frac{\partial^2\overline{r}}{\partial t^2} = m\overline{g}$,

essent $\overline{r} = \overline{OP}$.

Per a un observador situat en P:

$$m\overline{a}_r = m\overline{g} - 2m\overline{\omega}\wedge\overline{v}_r - \frac{\partial\overline{\omega}}{\partial t}\wedge\overline{r} - m\overline{\omega}\wedge(\overline{\omega}\wedge\overline{r})$$

Suposant el camp en repòs i ω constant:

$$\overline{a}_r = \overline{g} - \overline{\omega}\wedge(\overline{\omega}\wedge\overline{r})$$

Es defineix l'acceleració gravitacional efectiva $\overline{g}_e$ (o gravetat) com:

$$\overline{g}_e = \overline{g} - \overline{\omega}\wedge(\overline{\omega}\wedge\overline{r})$$

Suposant que la Terra és esfèrica i homogènia, g apunta al centre de la Terra, però g_e es desvia lleugerament d'aquesta direcció.

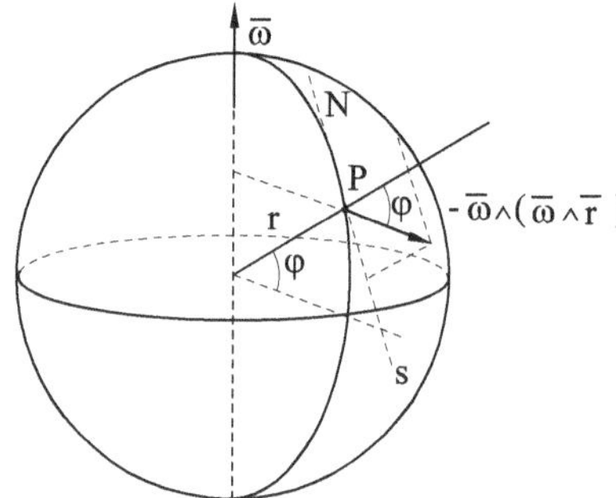

Figura 3.5.
Direcció de
l'acceleració.

Sigui φ la latitud de P. Es té que $|-\bar{\omega} \wedge (\bar{\omega} \wedge \bar{r})| = \omega^2\,r\cos\varphi$.

Aquesta acceleració disminueix de l'equador als pols, de manera que el seu valor és petit respecte a g. El seu valor per a R= 6.378 km és, aproximadament, de $3{,}4 \cdot 10^{-2}\cos\varphi$ m/s^2.

La component de l'acceleració centrífuga segons la direcció radial a P és $\omega^2\,r\cos^2\varphi$ i, segons la direcció N-S del pla horitzontal a P, dirigida cap al sud (hemisferi nord), és $\omega^2\,r\cos\varphi\sin\varphi$.

L'angle entre $\bar{g}$ i $\overline{g_e}$ és molt petit; en conseqüència, la magnitud de $\overline{g_e}$ segons la direcció radial serà pràcticament la mateixa. Llavors, $g_e = g - \omega^2 \cdot r \cdot \cos\varphi$ (variació de la gravetat amb la latitud).

L'angle α ve donat per:

$$sin\alpha \approx \alpha \approx \frac{g_e^{\,h}}{g_e^{\,v}} = \frac{\omega^2 r}{g}\sin\varphi\cos\varphi\,, \ \ \mathrm{sent}\,g_e^{\,h} = \omega^2 r\sin\varphi\cos\varphi\,, \ \ g_e^{\,v} = g - \omega^2 r\cos^2\varphi$$

El seu valor màxim α = 0,1° s'obté per φ = 45°.

Considerant la Terra aplatada pels pols, la gravetat en diferents punts de la Terra val:

Pol nord: 9,83 m/s^2; Greenwich: 9,81 m/s^2; Barcelona: 9,80 m/s^2; Equador: 9,78 m/s^2

3.1.4.1. Velocitat angular de la Terra respecte a un eix de rotació

Observem el sistema Sol-Terra, des del nord de l'el·líptica:

$$\omega = \frac{2\pi}{T}\,, \ \ T = 86.400\,\mathrm{s},\ \text{dia solar mitjà} \ \rightarrow \ \omega = 7{,}272 \cdot 10^{-5}\ \mathrm{rad/s}$$

Quan la Terra ha completat una revolució respecte al seu eix polar, és a dir, un dia sideral (respecte a les estrelles "llunyanes" fixes), es troba a N i el punt P, a P_1. Per completar un dia (respecte al Sol), la Terra encara ha de girar l'angle θ perquè P estigui a P_2. El període de revolució de la Terra és:

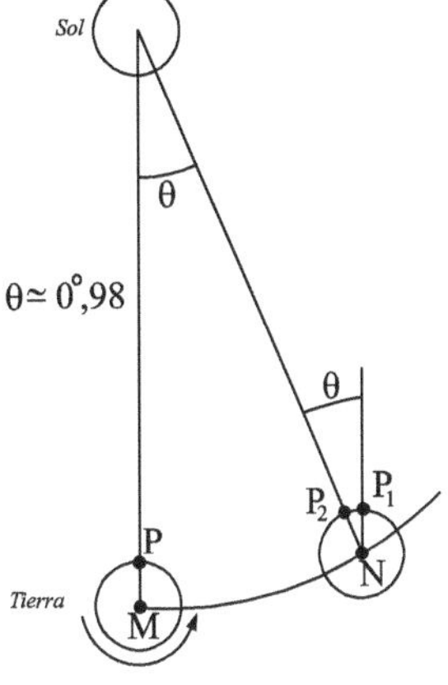

Figura 3.6.
Moviment de la Terra respecte a un eix de rotació

$$\Delta Tsid = \frac{86.400 \times 0,98}{360} = 240 \text{ s} \qquad Tsid = 86.160 \text{ s}$$

$$\omega sid = \frac{2\pi}{Tsid} = 7,292 \cdot 10^{-5} \text{ rad / s}$$

El camp de forces de la força centrífuga deriva del potencial, $\phi = \dfrac{1}{2}\omega^2(x^2+y^2)$

$$\nabla\phi = \frac{\partial\phi}{\partial x}\bar{i} + \frac{\partial\phi}{\partial y}\bar{j} + \frac{\partial\phi}{\partial z}\bar{k} = \omega^2 x\bar{i} + \omega^2 y\bar{j} + \bar{0} = \omega^2\left(x\bar{i}+y\bar{j}\right) = \omega^2\bar{p}$$

3.1.5. Canvis de sistema de referència

Composició de les velocitats i les acceleracions

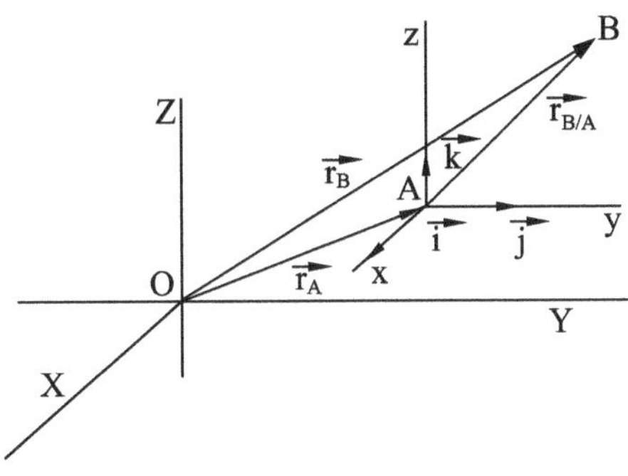

Figura 3.7.
Sistema global i sistema local connectats

Suposem dos sistemes d'eixos de coordenades, un dels quals, S_0, és el sistema fix i l'altre, S, està en moviment respecte de l'anterior. Es compleix:

$$\bar{r}' = \bar{R} + \bar{r} \qquad \rightarrow \qquad \frac{d\bar{r}'}{dt} = \frac{d\bar{R}}{dt} + \frac{d\bar{r}}{dt}$$

En el sistema S, es té:

$$\frac{d\bar{r}}{dt} = \frac{dx}{dt}\bar{i} + \frac{dy}{dt}\bar{j} + \frac{dz}{dt}\bar{k} + x\frac{d\bar{i}}{dt} + y\frac{d\bar{j}}{dt} + z\frac{d\bar{k}}{dt}$$

S'introdueix el vector $\bar{\omega}$ a partir de les relacions vectorials:

$$\frac{d\bar{i}}{dt} = \bar{\omega} \wedge \bar{i} \ , \qquad \frac{d\bar{j}}{dt} = \bar{\omega} \wedge \bar{j} \ , \qquad \frac{d\bar{k}}{dt} = \bar{\omega} \wedge \bar{k}$$

Es té:

$$x\frac{d\bar{i}}{dt} + y\frac{d\bar{j}}{dt} + z\frac{d\bar{k}}{dt} = x\left(\bar{\omega} \wedge \bar{i}\right) + y\left(\bar{\omega} \wedge \bar{j}\right) + z\left(\bar{\omega} \wedge \bar{k}\right) = \bar{\omega} \wedge (x\bar{i} + y\bar{j} + z\bar{k})$$

$$v_{abs} = \bar{V} + \bar{v}_r + \bar{\omega} \wedge \bar{r}$$

Siguin:

$\bar{v}_{abs}$: velocitat absoluta respecte dels eixos fixos

$\bar{V} = \dfrac{d\bar{R}}{dt}$: velocitat lineal de l'origen mòbil

$\bar{v}_r = \dfrac{dx}{dt}\bar{i} + \dfrac{dy}{dt}\bar{j} + \dfrac{dz}{dt}\bar{k}$: velocitat relativa respecte dels eixos mòbils

$\bar{\omega} \wedge \bar{r} = x\dfrac{d\bar{i}}{dt} + y\dfrac{d\bar{j}}{dt} + z\dfrac{d\bar{k}}{dt}$: velocitat deguda a la rotació dels eixos mòbils

En el sistema S, es té:

$$\frac{d^2\bar{r}'}{dt^2} = \frac{\partial^2\bar{R}}{dt^2} + \frac{d^2x}{dt^2}\bar{i} + \frac{d^2y}{dt^2}\bar{j} + \frac{d^2z}{dt^2}\bar{k} + 2\left(\frac{dx}{dt}\frac{d\bar{i}}{\partial t} + \frac{\partial y}{dt}\frac{d\bar{j}}{dt} + \frac{dz}{dt}\frac{d\bar{k}}{dt}\right) + x\frac{d^2\bar{i}}{dt^2} + y\frac{d^2\bar{j}}{dt^2} + z\frac{d^2\bar{k}}{dt^2}$$

Es té:

$$\frac{d^2\bar{i}}{dt^2} = \frac{d\bar{\omega}}{dt} \wedge \bar{i} + \bar{\omega} \wedge \frac{d\bar{i}}{dt} \ ; \qquad \frac{d^2\bar{j}}{dt^2} = \frac{d\bar{\omega}}{dt} \wedge \bar{j} + \bar{\omega} \wedge \frac{d\bar{j}}{dt} \ ;$$

$$\frac{d^2\bar{k}}{dt^2} = \frac{d\bar{\omega}}{dt} \wedge \bar{k} + \bar{\omega} \wedge \frac{d\bar{k}}{dt}$$

$$x\frac{d^2\bar{i}}{dt^2} + y\frac{d^2\bar{j}}{dt^2} + z\frac{d^2\bar{k}}{dt^2} = \frac{d\bar{\omega}}{dt} \wedge \left(x\bar{i} + y\bar{j} + z\bar{k}\right) + \bar{\omega} \wedge \left(x\frac{d\bar{i}}{dt} + y\frac{d\bar{j}}{dt} + z\frac{d\bar{k}}{dt}\right)$$

$$= \frac{d\bar{\omega}}{dt} \wedge \bar{r} + \bar{\omega} \wedge \left(\bar{\omega} \wedge (x\bar{i} + y\bar{j} + z\bar{k})\right) = \frac{d\bar{\omega}}{dt} \wedge \bar{r} + \bar{\omega} \wedge (\bar{\omega} \wedge \bar{r})$$

I també:

$$2\left(\frac{dx}{dt}\frac{d\overline{i}}{dt} + \frac{dy}{dt}\frac{d\overline{j}}{dt} + \frac{dz}{dt}\frac{d\overline{k}}{dt}\right) = 2\overline{\omega}\wedge\left(\frac{dx}{dt}\overline{i} + \frac{dy}{dt}\overline{j} + \frac{dz}{dt}\overline{k}\right) = 2\overline{\omega}\wedge\overline{v}_r$$

$$\overline{a}_{abs} = \frac{d\overline{V}}{dt} + \overline{a}_r + \frac{d\overline{\omega}}{dt}\wedge\overline{r} + 2\overline{\omega}\wedge\overline{v}_r + \overline{\omega}\wedge(\overline{\omega}\wedge\overline{r})$$

Siguin:

$\overline{a}_{abs}$: acceleració absoluta respecte dels eixos fixos

$\dfrac{d\overline{V}}{dt}$: acceleració de l'origen mòbil

$\overline{a}_r = \dfrac{d^2x}{dt^2}\overline{i} + \dfrac{d^2y}{dt^2}\overline{j} + \dfrac{d^2z}{dt^2}\overline{k}$: acceleració relativa respecte dels eixos mòbils

$\overline{\omega}\wedge(\overline{\omega}\wedge\overline{r})$: acceleració centrípeta

$2(\overline{\omega}\wedge\overline{v}_r)$: acceleració de Coriolis

$\dfrac{d\overline{\omega}}{dt}\wedge\overline{r}$: acceleració deguda a la variació de $\overline{\omega}$

Caracterització del vector $\overline{\omega}$

$$\overline{i}\cdot\overline{i} = 1 \;\rightarrow\; \overline{i}\frac{d\overline{i}}{dt} = 0 \;;\quad \overline{j}\cdot\overline{j} = 1 \;\rightarrow\; \overline{j}\frac{d\overline{j}}{dt} = 0 \;;\quad \overline{k}\cdot\overline{k} = 1 \;\rightarrow\; \overline{k}\frac{d\overline{k}}{dt} = 0 \;;$$

$$\overline{i}\cdot\overline{j} = 0 \rightarrow \frac{d\overline{i}}{dt}\cdot\overline{j} + \overline{i}\cdot\frac{d\overline{j}}{dt} = 0 \;;\; \overline{i}\cdot\overline{k} = 0 \rightarrow \frac{d\overline{i}}{dt}\cdot\overline{k} + \overline{i}\cdot\frac{d\overline{k}}{dt} = 0 \;;\; \overline{j}\cdot\overline{k} = 0 \rightarrow \frac{d\overline{j}}{dt}\cdot\overline{k} + \overline{j}\cdot\frac{d\overline{k}}{dt} = 0$$

Si escrivim,

$$\frac{d\overline{i}}{dt} = \alpha\overline{i} + \beta\overline{j} + \gamma\overline{k} \;\;;\;\; \frac{d\overline{j}}{dt} = \delta\overline{i} + \rho\overline{j} + \sigma\overline{k} \;\;;\;\; \frac{d\overline{k}}{dt} = \theta\overline{i} + \mu\overline{j} + \xi\overline{k}$$

s'obté $\;\overline{i}\cdot\dfrac{d\overline{i}}{dt} = 0 = \alpha \;\;;\;\; \overline{j}\cdot\dfrac{d\overline{j}}{dt} = 0 = \rho \;\;;\;\; \overline{k}\cdot\dfrac{d\overline{k}}{dt} = 0 = \xi$

i queda $\;\dfrac{d\overline{i}}{dt} = \beta\overline{j} + \gamma\overline{k} \;\;;\;\; \dfrac{d\overline{j}}{dt} = \delta\overline{i} + \sigma\overline{k} \;\;;\;\; \dfrac{d\overline{k}}{dt} = \theta\overline{i} + \mu\overline{j}$

Llavors, $\dfrac{d\bar{j}}{dt}\cdot\bar{k}+\bar{j}\cdot\dfrac{d\bar{k}}{dt}=0=\sigma+\mu$; $\dfrac{d\bar{i}}{dt}\cdot\bar{j}+\bar{i}\dfrac{d\bar{j}}{dt}=0=\beta+\delta$; $\dfrac{d\bar{i}}{dt}\cdot\bar{k}+\bar{i}\cdot\dfrac{d\bar{k}}{dt}=0=\gamma+\theta$

$\rightarrow \sigma=-\mu;\ \beta=-\delta;\ \gamma=-\theta$

Anomenant $\beta=\omega_z$; $\sigma=\omega_x$; $\theta=\omega_y$; resulta $\delta=-\omega_z$; $\mu=-\omega_x$; $\gamma=-\omega_y$

I, en conseqüència, es pot escriure com:

$$\frac{d\bar{i}}{dt}=\omega_z\bar{j}-\omega_y\bar{k};\quad \frac{d\bar{j}}{dt}=-\omega_z\bar{i}+\omega_x\bar{k};\quad \frac{d\bar{k}}{dt}=\omega_y\bar{i}-\omega_x\bar{j}$$

Introduint el vector $\bar{\omega}=\omega_x\bar{i}+\omega_y\bar{j}+\omega_z\bar{k}$, s'observa:

$$\bar{\omega}\wedge\bar{i}=\omega_z\bar{j}-\omega_y\bar{k}=\frac{d\bar{i}}{dt}\ ;\ \bar{\omega}\wedge\bar{j}=\omega_x\bar{k}-\omega_z\bar{i}=\frac{d\bar{j}}{dt}\ ;\ \bar{\omega}\wedge\bar{k}=\omega_y\bar{i}-\omega_x\bar{j}=\frac{d\bar{k}}{dt}$$

que és el vector $\bar{\omega}$ (anomenat usualment *velocitat angular*) que s'ha definit abans.

El vector $\bar{\omega}$ es pot escriure en forma matricial:

$$\bar{\omega}=\begin{pmatrix} 0 & -\omega_z & \omega_y \\ \omega_z & 0 & \omega_x \\ -\omega_y & \omega_x & 0 \end{pmatrix}$$

Propietat fonamental. El vector velocitat angular $\bar{\omega}$ té significat físic de velocitat de canvi d'orientació del tríedre (sistema mòbil S).

Propietat. Suposant que la Terra és un sòlid rígid, es verifica que la velocitat angular és un invariant respecte de l'origen del sistema mòbil, és a dir, sigui quin sigui el punt origen del sistema mòbil, la velocitat angular ve representada pel mateix vector en un instant determinat.

3.1.6. El potencial terrestre

L'expressió del potencial gravitacional de la Terra es deriva de l'equació de Laplace:

$$\Delta V = 0$$

on V és el potencial gravitacional definit per:

$$V = G\int_M \frac{dm}{r}$$

que es troba prenent com a origen el centre de masses de la Terra. Es pot desenvolupar en harmònics esfèrics:

$$V = \frac{GM}{r}\left[1 + \sum_{n=2}^{+\infty}\sum_{m=0}^{n}\left(\frac{a_e}{r}\right)^{n}(C_{nm}\cos m\lambda + S_{nm}\sin m\lambda)P_{nm}(\sin\varphi)\right]$$

on:

a_e: semieix major de l'el·lipsoide de referència

r: distància des del centre de masses de la Terra

GM: constant gravitacional de la Terra

φ: latitud geocèntrica

λ: longitud geocèntrica

C_{nm}, S_{nm}: coeficients harmònics esfèrics

P_{nm}: funcions associades de Legendre de primera espècie

$$P_{nm}\left(\sin\varphi\right) = \left(\cos\varphi\right)^{m}\frac{d^{m}}{d(sin\varphi)^{m}}P_{n}(sin\varphi)$$

en que:

$$P_{n}\left(\sin\varphi\right) = \frac{1}{2^{n}\,n!}\cdot\frac{d^{n}}{d(sin\varphi)^{n}}\left(sin^{2}\varphi - 1\right)^{n}$$

són els polinomis de Legendre.

En les aplicacions geodèsiques, els polinomis de Legendre s'anomenen *zonals* quan depenen només de la longitud (m = 0), *sectorials* quan depenen només de la longitud (n = m) i tesserals quan depenen de la longitud i la latitud (n ≠ m). Els coeficients harmònics reflecteixen la distribució de masses de la Terra. En el cas dels satèl·lits artificials que orbiten al voltant de la Terra, només el potencial V és d'interès, mentre que el potencial centrífug no es pren en consideració.

Per qüestions d'estandardització, s'utilitzen usualment expressions normalitzades, que són el resultat de reemplaçar P_{nm}, C_{nm} i S_{nm} per $\overline{P}_{nm}, \overline{C}_{nm}$ i $\overline{S}_{nm}$, on:

$$\overline{P}_{nm} = \left[\frac{(2n+1)k(n-m)!}{(n-m)!}\right]^{1/2}\cdot P_{nm};\quad \frac{\overline{C}_{nm}}{\overline{S}_{nm}} = \left[\frac{(n+m)!}{(2n+1)k(n-m)!}\right]^{1/2}\cdot\frac{C_{nm}}{S_{nm}}$$

amb k = 1 per a m = 0 i k = 2 per a m ≠ 0.

És obvi que els termes no zonals (m ≠ 0) no apareixerien a l'expressió del potencial si la Terra presentés una simetria rotacional completa, atès que els termes mencionats depenen de la longitud λ. Però els harmònics tesserals i sectorials seran més petits, perquè les desviacions de la simetria rotacional són també d'un valor petit.

A V, el terme $\frac{GM}{r}$ descriu el potencial d'una esfera homogènia i rep el nom de *terme keplerià*. Els termes restants constitueixen el potencial pertorbador R. Es compleix

$$V = \frac{GM}{r} + R\,.$$

Amb l'origen del sistema de coordenades al centre de masses de la Terra $J_1 = 0$, l'expressió de V és, amb la convecció $J_n = -C_{no}$, representada de forma equivalent:

$$V = \frac{GM}{r}\left[1 - \sum_{n=2}^{+\infty}\left(\frac{a_e}{r}\right)^n J_n\cdot P_n(\sin\varphi) + \sum_{n=2}^{+\infty}\sum_{q=1}^{n}\left(\frac{a_e}{r}\right)^n (C_{nm}\cos m\lambda + S_{nm}\sin m\lambda)P_{nm}(\sin\varphi)\right]$$

Els harmònics zonals tenen els valors:

$J_2 = 1082{,}63 \cdot 10^{-6}$; $J_3 = -2{,}54 \cdot 10^{-6}$; $J_4 = -1{,}62 \cdot 10^{-6}$; $J_5 = -0{,}23 \cdot 10^{-6}...$

El coeficient zonal J_2 és el més important dels coeficients del potencial terrestre. El seu valor es troba com:

$$J_2 = \frac{1}{Ma_e^2}\left(C - \frac{A+B}{2}\right)$$

en què A, B i C són els moments d'inèrcia principals de la Terra. L'estudi del moviment dels satèl·lits artificials ha proporcionar estimacions molt precises de J_2. J_2 correspon a l'aplanament de la Terra, mentre que J_3 és efecte de la seva forma de pera.

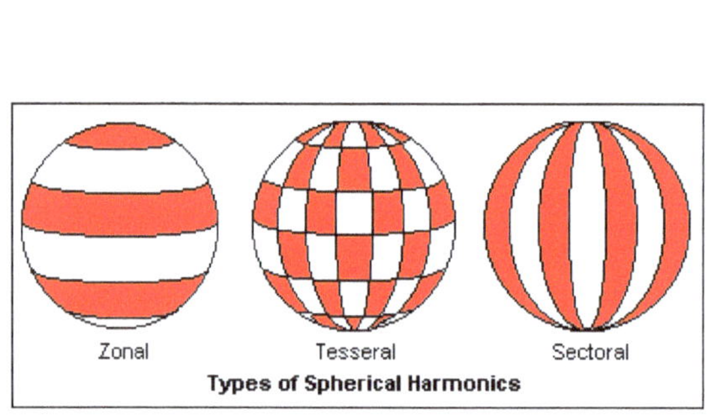

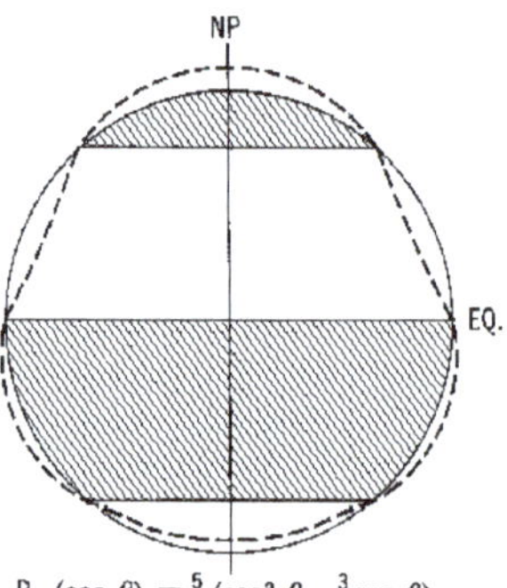

$$P_3(\cos\theta) = \frac{5}{2}\left(\cos^3\theta - \frac{3}{5}\cos\theta\right)$$

Els harmònics zonals divideixen la Terra en zones. Els harmònics tesserals, en compartiments positius i negatius. Els harmònics sectorials, en sectors positius i negatius, alternativament.

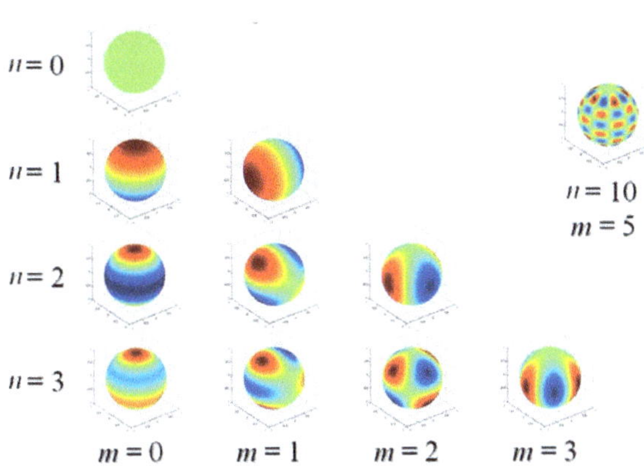

Figura 3.10. Representació dels harmònics esfèrics segons el grau (n) i l'ordre (m). N és el grau del polinomi, que correspon al nombre de línies nodals a la latitud (quan l'ordre m = 0) [30]

3.1.6.1. Camp gravitatori creat per un anell

Es considera un anell prim i estret de radi R i massa M, amb distribució contínua de massa que es pot dividir en elements infinitesimals dM, que creen camps gravitatoris independents entre si.

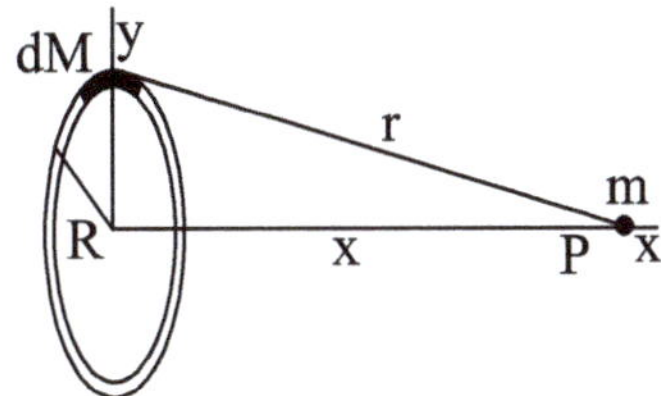

Figura 3.11. Camp gravitatori creat per un anell

Al punt P, es té: $dV = G\dfrac{mdM}{r}$, $r = $ constant (distància a dM)

$$V = \frac{GM}{r}\int_{O}^{M} dM = G\frac{mM}{r} = \frac{GmM}{\sqrt{X^2 + R^2}}$$

Aquest valor V indica que, per a P, l'energia potencial no és la mateixa que la que tindria si la massa M de l'anell estigués concentrada al seu centre de masses.

Es verifica $F_X = \dfrac{\partial V}{\partial X} = \dfrac{-GmMX}{\sqrt{(X^2 + R^2)^3}}$, o també $g_x = \dfrac{-GmX}{\sqrt{(X^2 + R^2)^3}}$.

3.1.6.2. Camp gravitatori creat per una escorça esfèrica homogènia

Considerem el camp gravitatori creat per una superfície esfèrica homogènia de massa M i radi R. Prendrem l'escorça esfèrica com un conjunt d'anells (coaxials).

Siguin σ la densitat superficial i ∂A l'àrea de l'anell:

$$\partial M = \sigma \partial A$$
$$= \sigma(2\pi R \sin\theta R\partial\theta)$$
$$= \frac{M}{2}\sin\theta\,\partial\theta$$

Tenint en compte que $M = 4\pi R^2\sigma$ i que tots els punts de l'anell es troben a la mateixa distancia S de P, el potencial gravitatori en P és $\partial V = \frac{GdM}{S}$.

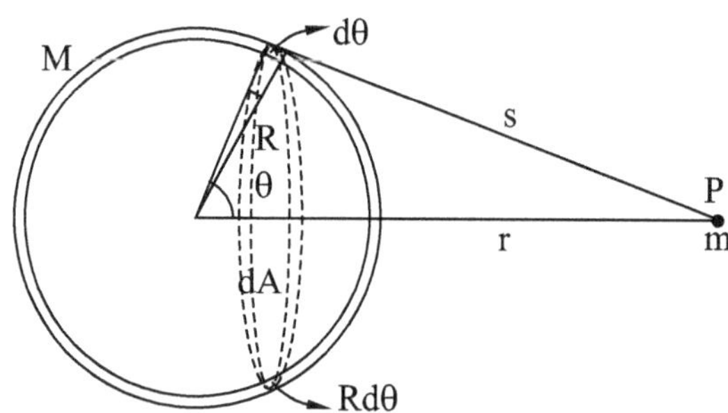

Figura 3.12.
Camp creat per una escorça esfèrica.

Es té:

$$S^2 = R^2 + r^2 - 2Rr\cos\theta \rightarrow 2sds = 2Rr\sin\theta d\theta \rightarrow \sin\theta d\theta = \frac{SdS}{Rr}$$

$$dV = G\frac{dM}{S} = G\frac{M}{2}\cdot\frac{dS}{Rr} = \frac{GM}{2Rr}dS$$

I, com que P és un punt exterior:

$$V = \frac{GM}{2Rr}\int_{r-R}^{r+R}dS = \frac{GM}{2Rr}\cdot 2R \rightarrow V = \frac{GM}{R} \quad r > R$$

Atès que $\bar{F}=\mathrm{grad}V \rightarrow \bar{g} = -\frac{GM}{r^2}\cdot\frac{\bar{r}}{r} = -\frac{GM}{r^2}\hat{r}$

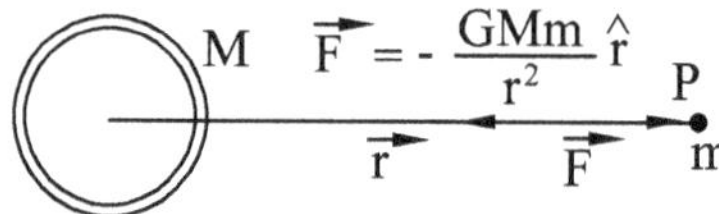

Figura 3.13.
Camp creat per una escorça esfèrica

El camp gravitatori d'una escorça esfèrica uniforme de massa M en un punt exterior és el mateix que el d'una massa puntual M al centre d'aquella.

Si el punt P és interior a l'escorça esfèrica:

$$V = \frac{GM}{2Rr} \int_{R-r}^{R+r} dS = \frac{GM}{2Rr} \cdot 2r \rightarrow V = \frac{GM}{R} \; ; \; \text{llavors } \overline{g} = \overline{0} \quad si \quad r < R$$

3.1.6.3. Camp gravitatori creat per una esfera sòlida homogènia

L'esfera es pot considerar formada per un conjunt de closques esfèriques concèntriques. En conseqüència, el camp gravitatori en un punt exterior és igual al que es crearia si tota la massa estigués concentrada al centre. És a dir:

$$V = \frac{GM}{r} \quad amb \quad r > R \quad ; \quad \overline{g} = \frac{GM}{r^2}\hat{r} \qquad \text{M: massa de l'esfera}$$

Aquest resultat es continua complint encara que la densitat de l'esfera no sigui constant, sempre que la densitat depengui solament del radi r, de manera que es mantingui la simetria esfèrica.

Per obtenir el camp gravitatori a l'interior de l'esfera homogènia sòlida, es considera un punt P situat a una distància r < R. Encara que cada closca exterior contribueix amb una quantitat constant al potencial gravitatori, aquesta quantitat varia amb el seu radi.

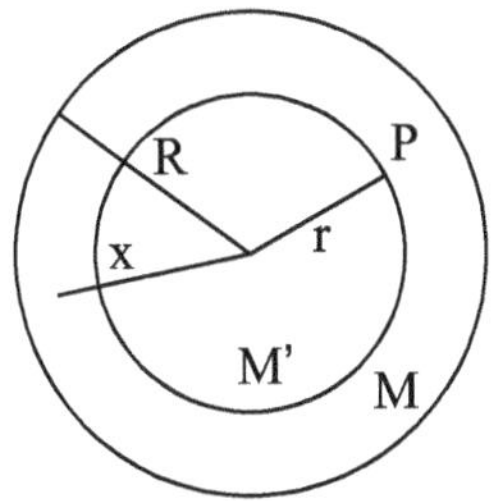

Figura 3.14.
Camp creat per una
esfera sòlida

Sigui M la massa de l'esfera de radi R, i M', la massa de l'esfera de radi r.

$$M' = \frac{\frac{4}{3}\pi r^3}{\frac{4}{3}\pi R^3} M \quad \rightarrow \quad M' = \frac{r^3}{R^3} M$$

amb $\quad M = \frac{4}{3}\pi R^3 \rho$ (en què ρ és la densitat).

$$V = \frac{GM'}{r} + G \int_{r}^{R} \frac{4\pi x^2 \rho \; dx}{x} = \frac{4}{3}\frac{G\pi r^3 \rho}{r} + G \int_{r}^{R} 4\pi x \rho \; dx$$

$$V = 2\pi G\rho \left(R^2 - \frac{r^2}{3} \right) = \frac{GM}{2R^3}(3R^2 - r^2)$$

Així mateix:

$$\overline{g} = grad\,V = -\frac{2}{3}\pi G\rho\,grad\,r^2 = -\frac{4}{3}\pi G\rho\overline{r} = -\frac{GM}{R^3}\overline{r} = -\frac{GM}{R^3}r\overline{r}$$

Com es recorda: $\quad r^2 = x^2 + y^2 + z^2 \qquad grad\,r^2 = 2x\overline{i} + 2y\overline{j} + 2z\overline{k} = 2\overline{r}$

Una esfera sòlida homogènia produeix, en un punt extern a ella, un camp gravitatori idèntic al que produeix una partícula de la mateixa massa, situada al centre de l'esfera. El camp gravitatori creat en un punt interior és proporcional a la distància r del centre.

Es comprova que el camp gravitatori V a l'exterior de l'esfera verifica:

$$\Delta V = div\left(grad\,\frac{GM}{r}\right) = div\left(-\frac{GM\overline{r}}{r^3}\right) = 0 \qquad\qquad \Delta V = 0 \qquad\qquad (\Delta\ laplaciana)$$

Com es recorda:

$$div\left(\frac{1}{r^3}\overline{r}\right) = div\left(\frac{x}{r^3}\overline{i} + \frac{y}{r^3}\overline{j} + \frac{z}{r^3}\overline{k}\right) = \frac{\partial}{\partial x}\left(\frac{x}{r^3}\right) + \frac{\partial}{\partial y}\left(\frac{y}{r^3}\right) + \frac{\partial}{\partial z}\left(\frac{z}{r^3}\right) =$$

$$= \left(r^3 - x\frac{3}{2}r^2 2x\right) + \left(r^3 - y\frac{3}{2}r^2 2y\right) + \left(r^3 - z\frac{3}{2}r^2 2z\right) = 3r^3 - 3r^3 = 0$$

$\Delta V = 0$ és l'equació de Laplace.

Es comprova que el camp gravitatori V a l'interior de l'esfera verifica:

$$grad\,V = grad\left(-\frac{GM}{2R^3}r^2\right) = -\frac{GM}{2R^3}grad\,r^2 = -\frac{GM}{R^3}\overline{r}$$

$\Delta V = -4\pi G\rho$ s'anomena equació de Poisson.

S'observa que el camp gravitatori és una funció harmònica a l'exterior de l'esfera, però no a l'interior.

Com es recorda, el potencial centrífug ve expressat per $\phi = \frac{1}{2}\omega^2(x^2 + y^2)$

$$grad\,\phi = \frac{1}{2}\omega^2 2x\overline{i} + \frac{1}{2}\omega^2 2y\overline{j} + \frac{1}{2}\omega^2 2y\overline{j} = \omega^2 x\overline{i} + \omega^2 y\overline{j} \qquad \rightarrow \qquad div(grad\,\phi) = 2\omega^2$$

I se n'obtenen les equacions (diferencials) de Laplace i Poisson generalitzades:

$$\Delta W = 2\omega^2 \qquad \Delta W = -4\pi G\rho + 2\omega^2,$$

amb $\qquad W = V + \phi$

3.1.7. Camp de gravetat de l'el·lipsoide de nivell: camp de gravetat normal

En una primera aproximació, la Terra és una esfera; en una segona aproximació, es pot considerar que és un el·lipsoide de revolució. Tot i que la Terra no és un el·lipsoide exacte, el camp de gravetat d'un el·lipsoide és d'interès pràctic, perquè és fàcil de manipular matemàticament i les desviacions del camp gravífic real respecte del camp el·lipsoïdal normal són tan petites que es poden considerar lineals.

Suposem que la figura normal de la Terra sigui un el·lipsoide de nivell, és a dir, un el·lipsoide de revolució, que és una superfície equipotencial d'un camp de gravetat normal. Aquesta hipòtesi és necessària perquè l'el·lipsoide serà la forma normal del geoide, que és una superfície equipotencial del camp de gravetat real.

Designant $U = U(x, y, z)$ el potencial del camp de gravetat normal, es veu que, si l'el·lipsoide de nivell té una superfície U = constant, correspon exactament al geoide, definit com una superfície W = constant. El punt essencial és que, suposant que l'el·lipsoide donat sigui una superfície equipotencial del camp de gravetat normal, i essent M la massa total, el potencial normal es determina de forma completa i única.

L'el·lipsoide que té la mateixa constant que el geoide, U = W_0, i una massa igual a la de la Terra, s'anomena *el·lipsoide normal*.

La funció potencial normal U(x, y, z) queda completament determinada per:

1. La forma de l'el·lipsoide de revolució, és a dir, els seus semieixos *a* i *b*.

2. La massa total M de la Terra.

3. La velocitat angular ω de la Terra.

Un cop definit el vector gravetat com: $\bar{g} = grad\ W$

Anàlogament, es pot definir el vector gravetat normal com: $\bar{\gamma} = grad\ U$

Considerant que la Terra fos esfèrica, es tindria:

$$U = \frac{GM}{r} + \frac{1}{2}\omega^2 r^2 sin^2\theta = \frac{GM}{a}\left[\frac{a}{r} + \frac{1}{2}m\left(\frac{r}{a}\right)^2 sin^2\theta\right]$$

essent el paràmetre:

$$m = \frac{\omega^2 a^3}{GM}$$

Introduint la hipòtesi de considerar la Terra com un cos de revolució, és a dir, amb simetria de rotació, llavors la funció que representa el seu potencial gravitatori serà independent de la longitud λ.

$$U(r,\theta) = \frac{GM}{r}\left[1 - \sum_{n=2}^{+\infty}\left(\frac{a}{r}\right)^n J_n P_n(\cos\theta) + \frac{1}{2}\frac{\omega^2 a^3}{GM}\left(\frac{r}{a}\right)^3\left(1 - \cos^2\theta\right)\right]$$

que només conté harmònics zonals.

Designant per γ_a la gravetat normal a l'equador i per γ_b la gravetat normal als pols, es compleix:

Figures 3.15 i 3.16.
Camp de gravetat
normal a l'el·lipsoide

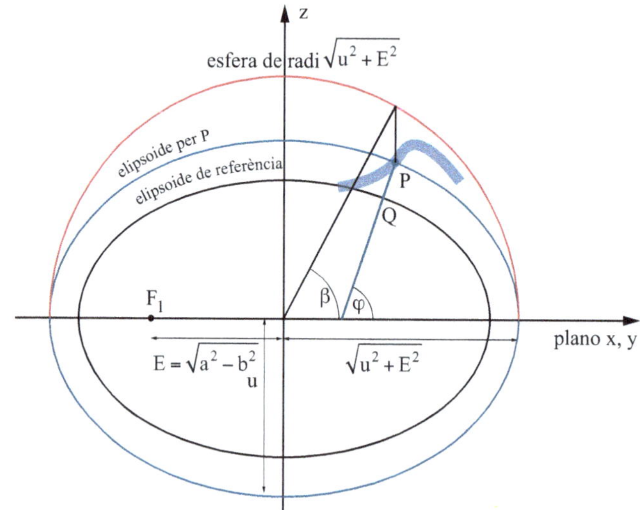

$$\gamma = \frac{a\gamma_b sin^2\beta + b\gamma_a cos^2\beta}{\sqrt{a^2 cos^2\beta + b^2 cos^2\beta}}$$

Recordant la fórmula de la geodèsia geomètrica:

$$tg\beta = \frac{b}{a}tg\varphi$$

Es troba la fórmula de Somigliana:

$$\gamma = \frac{a\gamma_a cos^2\varphi + b\gamma_b sin^2\varphi}{\sqrt{a^2 cos^2\varphi + b^2 sin^2\varphi}}$$

φ: latitud el·lipsoïdal; $\bar{\varphi}$: latitud geocèntrica

B: latitud el·lipsoïdal reduïda

Aproximant linealment els dos càlculs i definint:

$$f = \frac{a-b}{a} \text{ (aplanament geomètric);} \qquad f^* = \frac{\gamma_b - \gamma_a}{\gamma_a} \text{ (aplanament gravitatori)}$$

Es té: $f + f^* = \dfrac{5}{2}\,m$ (teorema de Clairaut)

amb:

$$m = \frac{\omega^2 a}{\gamma_a} = \frac{\text{força centrífuga a l'equador}}{\text{gravetat a l'equador}}$$

L'aplanament f (geomètric) pot obtenir-se de f* i m, que són quantitats purament dinàmiques obtingudes amb mesuraments de la gravetat → l'aplanament de la Terra es pot obtenir a partir de mesuraments de la gravetat.

Es compleixen les relacions següents:

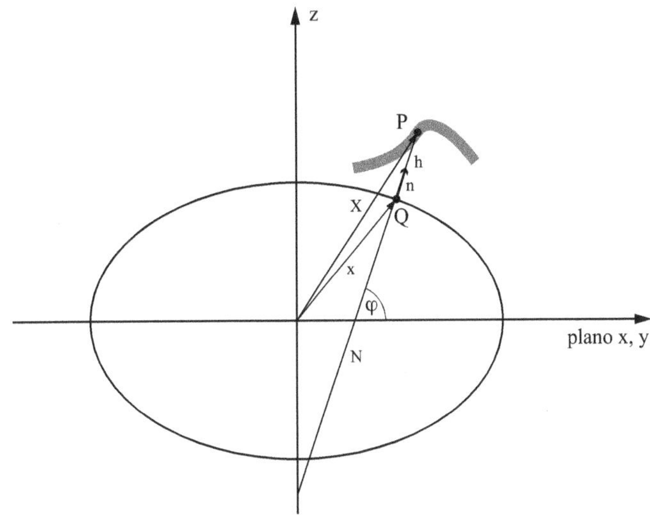

Figura 3.17.
Paràmetres referits
d'un punt de
l'el·lipsoide

$$X = \left(N + h\right)\cos\varphi\cos\lambda = \sqrt{u^2 + E^2}\,\cos\beta\cos\lambda = r\cos\overline{\varphi}\cos\lambda$$

$$Y = \left(N + h\right)\cos\varphi\sin\lambda = \sqrt{u^2 + E^2}\,\cos\beta\sin\lambda = r\cos\overline{\varphi}\sin\lambda$$

$$Z = \left(\frac{b^2}{a^2}\cdot N + h\right)\sin\varphi = u\sin\beta = r\sin\overline{\varphi}$$

$$\lambda : longitud$$

en què u és l'eix menor de l'el·lipsoide de revolució que passa per P i té el centre a l'origen O, el seu eix coincideix amb l'eix z i la seva excentricitat lineal té el valor constant:

$$E = \sqrt{a^2 - b^2}$$

Concepte de geoide

4.1. El geoide

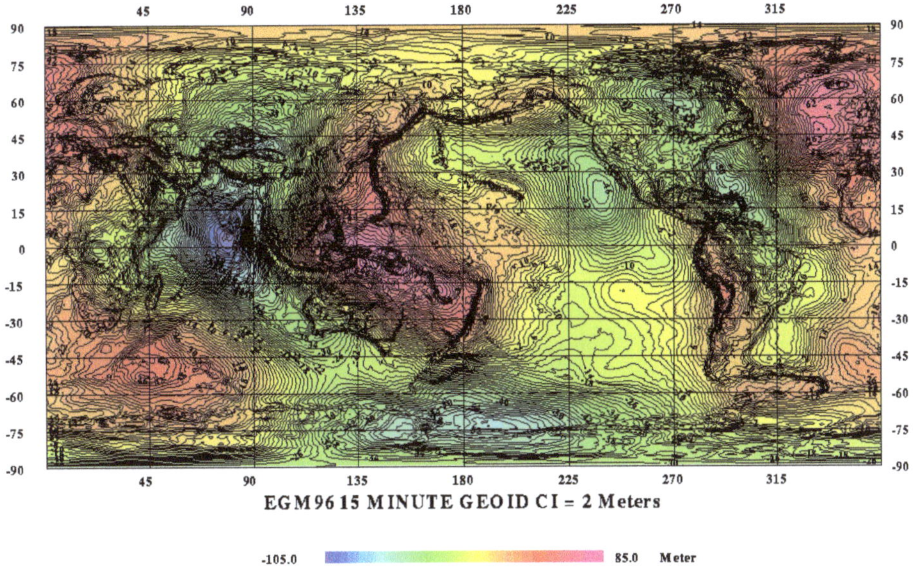

Figura 4.1. Mapa gràfic de l'ondulació del geoide EGM96 (Earth Gravitational Model, 1996). Aquest model de geoide arribava fins al grau 360 [21]

Sobre un punt qualsevol de la superfície terrestre, s'exerceixen les forces gravitatòries interiors i la força centrífuga. El potencial corresponent al conjunt d'aquestes forces s'anomena *potencial de la gravetat* (*gravity potential*) i es representa per W. És la suma dels potencials gravitatori i centrífug:

$$W = V + \phi = V + \frac{1}{2}\omega^2(x^2 + y^2)$$

El vector gravetat g és el gradient de W:

$$\overline{g} = grad\,W = \left(\frac{\partial W}{\partial x}, \frac{\partial W}{\partial y}, \frac{\partial W}{\partial z} \right)$$

Les components de g són les derivades parcials de W respecte de les coordenades X, Y, Z.

La magnitud o mòdul de g és un escalar que s'anomena *gravetat*, $g = \left| \overline{g} \right|$.

En el sistema internacional, la gravetat ve expressada en m/s^2. En el sistema CGS, la gravetat s'expressa en la unitat utilitzada en gravimetria, 1 gal = cm/s^2; també s'utilitza el submúltiple 1 mgal = 10^{-3} gal.

La majoria dels mesuraments gravimètrics es realitzen determinant diferències de gravetat entre punts; per això, en comptes del gal, se solen utilitzar unitats més petites, com el mgal i el µgal. Es compleix que 1 mgal = 10^3 µgal = 10^{-3} gal = 10^{-3} cm/s^2 =10^{-5} m/s^2.

El tensor del gradient de la gravetat (tensor d'Eötvös) està format per les segones derivades de W (*gravity gradient tensor*) i s'escriu:

$$\begin{pmatrix} W_{xx} & W_{xy} & W_{xz} \\ W_{yx} & W_{yy} & W_{yz} \\ W_{zx} & W_{zy} & W_{zz} \end{pmatrix} \quad \text{o el seu equivalent} \quad \begin{pmatrix} \dfrac{\partial^2 V}{\partial x^2} & \dfrac{\partial^2 V}{\partial x \partial y} & \dfrac{\partial^2 V}{\partial x \partial z} \\ \dfrac{\partial^2 V}{\partial y \partial x} & \dfrac{\partial^2 V}{\partial y^2} & \dfrac{\partial^2 V}{\partial y \partial z} \\ \dfrac{\partial^2 V}{\partial z \partial x} & \dfrac{\partial^2 V}{\partial z \partial y} & \dfrac{\partial^2 V}{\partial z^2} \end{pmatrix}$$

El vector unitari $\overline{v} = -\dfrac{\overline{g}}{g}$ representa la direcció de $\overline{g}$, que es coneix com a *direcció de la vertical*; el signe menys indica que, al contrari de $\overline{g}$, $\overline{v}$ està dirigit cap enfora.

S'anomenen *superfícies* de nivell aquelles superfícies que, en tots els seus punts, són normals al vector gravetat en aquests punts. Una superfície d'aquest tipus és la que es considerarà com la figura de la Terra.

Estudiem la variació de W al llarg d'una superfície de nivell. Sigui ds un element d'una corba qualsevol traçada sobre una superfície de nivell, i siguin (dx, dy, dz) les projeccions de ds sobre els eixos de coordenades. Després, els cosinus directors de ds formen el vector unitari.

$$d\overline{s} = \left(\frac{dx}{ds}, \frac{dy}{ds}, \frac{dz}{ds} \right)$$

D'altra banda, amb W(x, y, z), les components de la direcció del vector gravetat són:

$$g_1 = W_x = \frac{\partial W}{\partial x} \; ; \quad g_2 = W_y = \frac{\partial W}{\partial y} \; ; \qquad g_3 = W_z = \frac{\partial W}{\partial z}$$

Llavors, els seus cosinus directors formen el vector unitari:

$$\frac{\overline{g}}{g} = \left(\frac{W_x}{g}, \frac{W_y}{g}, \frac{W_z}{g} \right)$$

Per la definició de superfície de nivell, els vectors ds i g han de ser perpendiculars; llavors, el seu producte escalar ha de ser 0.

$$\frac{\overline{g}}{g} \, d\overline{s} = 0 \; \rightarrow \; W_x dx + W_y dy + W_z dz = 0 \qquad \rightarrow \; dW = 0$$

$$W(x,y,z) = \text{constant}$$

Les superfícies de nivell són superfícies equipotencials en el camp de la gravetat.

Corol·lari. Es pot definir una superfície de nivell simplement com una superfície en la qual el potencial de la gravetat és constant.

Propietat: per a cada punt de l'espai passa una superfície equipotencial i una de sola, ja que, si per aquest mateix punt passessin dues superfícies equipotencials diferents, en aquest punt existiria una diferència de potencial. És una *level surface*.

Propietat: les superfícies equipotencials no tenen punts comuns; en conseqüència, permeten establir una classificació a l'espai.

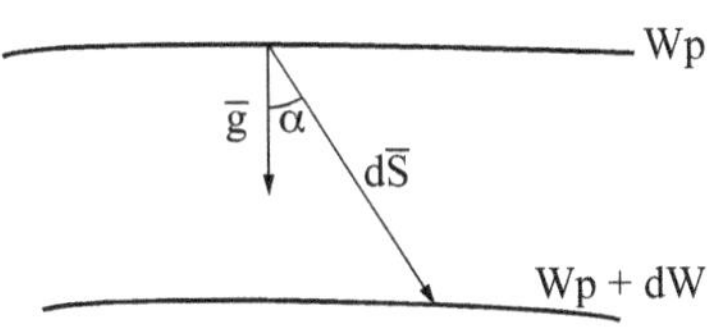

Figura 4.2.
Superfícies
equipotencials

Propietat:

$$dW = \overline{g} \cdot d\overline{s} = g \cdot ds \cdot \cos\left(\overline{g}, d\overline{s}\right) = g \cdot ds \cdot \cos \alpha$$

La derivada del potencial gravitacional en una direcció determinada és igual a la component de la gravetat segons aquesta direcció.

S'anomena *pla horitzontal en un punt* el pla tangent a la superfície de nivell que hi passa.

Les *línies de força* o *línies de la plomada* (*plumb lines*) aquelles línies normals a totes les superfícies equipotencials. No són línies rectes, sinó corbes a l'espai, encara que amb curvatures petites. En qualsevol punt, el vector gravetat és tangent a la línia de força en aquest punt. En conseqüència, les línies de la plomada formen un sistema de trajectòries ortogonals a la família de superfícies equipotencials.

S'anomena *vertical* la recta tangent en un punt a la línia de plomada que passa per aquest punt. De fet, direcció de la plomada, direcció del vector gravetat i vertical es poden considerar termes sinònims.

S'anomena *altitud ortomètrica*, H, d'un punt P de la superfície terrestre la distància d'aquest punt al geoide, mesurat al llarg de la línia de força del camp gravitacional que passa per P, comptada a partir del geoide al qual se li assigna cota 0.

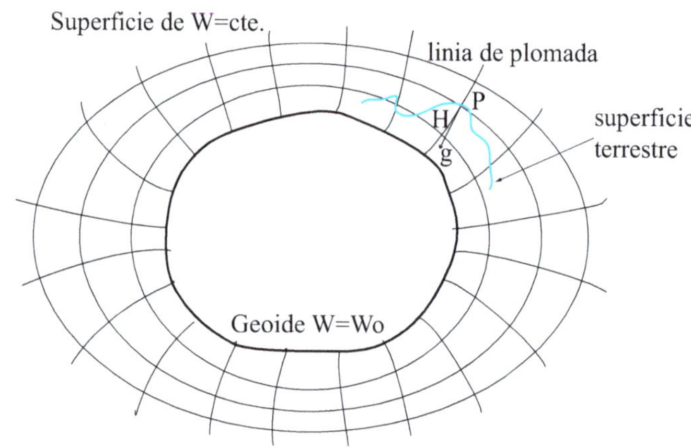

Figura 4.3.
Superficies de nivell i línies de plomada.

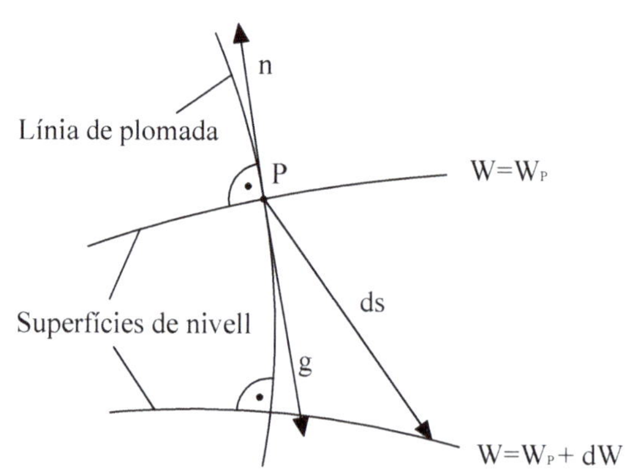

Figura 4.4.
Línia de plomada i superfícies de nivell.

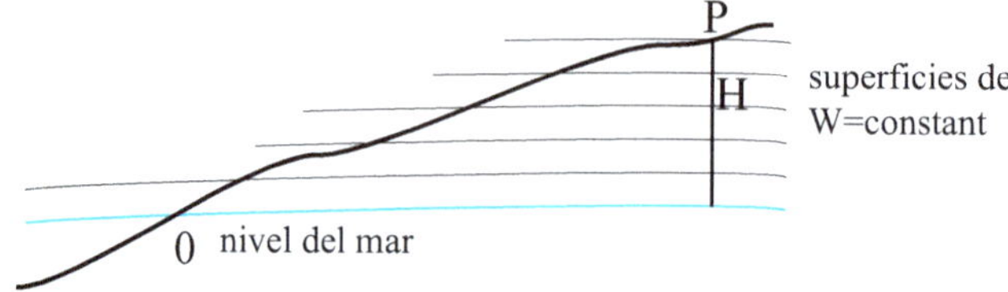

Figura 4.5.
Altura ortomètrica H.

Geoide de l'ICGC

La publicació, per part de la National Geospatial-Intelligence Agency, del model gravitatori EGM2008, conjuntament amb la publicació de la xarxa REDNAP, per part del Instituto Geográfico Nacional, i l'interès de l'ICGC a actualitzar el model de geoide UB91 corregit per anivellació el va portar a plantejar-se analitzar la bondat d'aquests models gravimètrics a Catalunya.

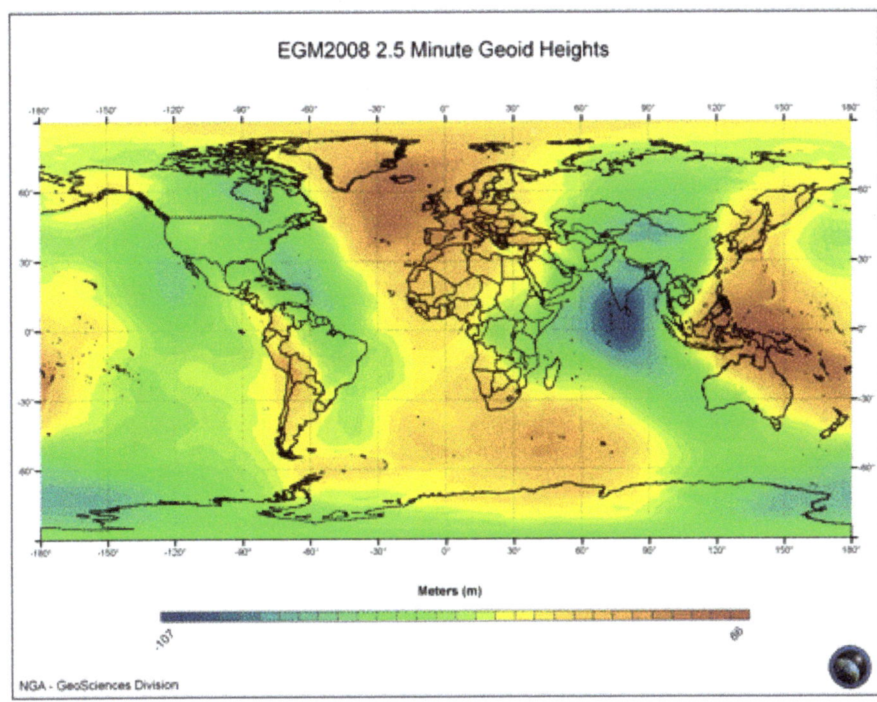

Figura 4.6.
Model EGM2008 de grau 2159 i 2190 (local) [21]

Amb aquest objectiu, l'ICGC va mesurar l'altura el·lipsoïdal en els punts de la REDNAP a Catalunya, emprant el servei RTKAT de l'SPGIC. Calculant la diferència entre aquests mesuraments de l'altura el·lipsoïdal i l'altura ortomètrica de què disposen els vèrtexs de la xarxa REDNAP, s'obté un mesurament directe de l'ondulació del geoide. Aquesta ondulació es compara amb les obtingudes dels models gravimètrics corresponents per tal d'ajustar el model a les referències altimètriques locals i analitzar-ne la bondat.

De la campanya de mesuraments de l'ondulació directa sobre els claus geodèsics de la REDNAP, se seleccionen 241 punts que han estat mesurats diverses vegades amb el servei RTKAT, amb una separació mínima de 20 minuts entre sessions.

Adoptant criteris de precisió dels mesuraments i de distribució territorial, se seleccionen els punts que han de servir per ajustar l'EGM2008 a Catalunya. La precisió mitjana dels punts seleccionats es troba als 2,5 cm en altura el·lipsoïdal.

Un cop triats els punts, se'n determina l'altura ortomètrica emprant el model global EGM2008 distribuït per la National Geospatial-Intelligence Agency i l'altura el·lipsoïdal obtinguda amb el servei RTKAT. La taula següent mostra la diferència entre l'altura ortomètrica de la REDNAP, el marc oficial, i l'altura ortomètrica obtinguda d'aplicar als punts mesurats amb RTKAT el geoide EGM2008 sense cap correcció.

	OH_EGM2008 vs. OH_REDNAP
Max (m)	-0,4643
Min (m)	-0,7052
DesvEst (m)	0,0415
Mitjana (m)	-0,5951
Punts	241

S'observa que hi ha un sistematisme molt important de 59,5 cm i que la desviació estàndard dels mesuraments és d'uns 4 cm. Com que no es disposa de dades gravimètriques a incorporar per millorar la modelització de la gravetat, que ja conté aquest model global, es decideix que la millor manera d'ajustar-lo és incorporar el sistematisme com a canvi de referència de potencial en l'ondulació. Amb aquesta correcció, s'obté l'estadístic següent entre l'altura ortomètrica de la REDNAP i el nou geoide en els punts ajustats.

	OH_EGM2008 vs. OH_REDNAP
Max (m)	0,1308
Min (m)	-0,1101
DesvEst (m)	0,0415
Mitjana (m)	0,0000
Punts	241

Com a referència, es compara la determinació de l'altura ortomètrica d'aquests punts amb el geoide vigent fins ara, l'UB91, corregit per anivellació. Respecte a l'altura de la REDNAP, s'obté:

	OH_EGM2008 vs. OH_REDNAP
Max (m)	0,3745
Min (m)	-0,1658
DesvEst (m)	0,1033
Mitjana (m)	-0,0168
Punts	241

Com a conclusió, del mesurament d'ondulació directa a la REDNAP i emprant aquestes mesures per corregir el potencial de referència de l'EGM2008, s'obté un geoide amb un RMS de 4 cm respecte a l'existent de 10 cm i un rang de diferències màximes que es redueix a la meitat en els punts de l'ajust. Aquesta millora del model gravimètric justifica l'adopció de l'EGM08D595 (EGM2008 corregit en 595 mm) per als treballs de l'ICGC que s'esmenten en els fitxers de distribució cat80000.

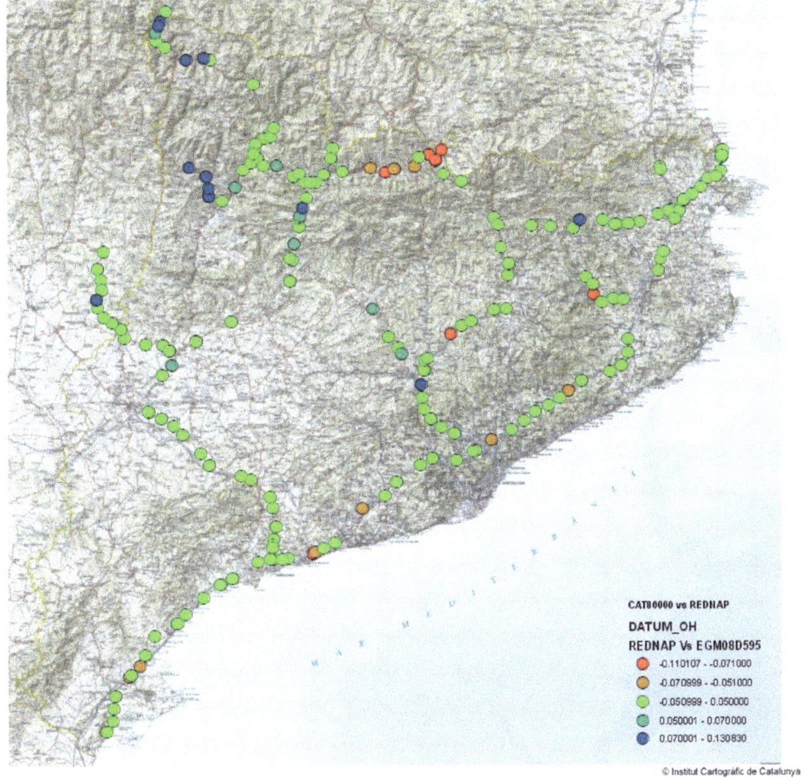

Figura 4.7. Punts REDNAP que s'empren en l'ajust del geoide EGM2008 a Catalunya [16]

4.2. El geoide com a superfície de referència per alçades

El geoide s'utilitza en geodèsia, cartografia i oceanografia com una superfície de referència per a alçades (*heights*) i profunditats (*depths*) en topografia continental i del fons de l'oceà (*ocean bottom*), així com en la topografia de la superfície marina (*sea surface topography*). Un punt P pot ser atribuït a una superfície de nivell determinada pel seu potencial gravitatori W.

Propietat: entre la diferència de potencial gravitatori i la diferència d'alçada ortomètrica, existeix la relació $dW = -g \cdot dH$.

Només cal veure el següent: Sigui $d\overline{H}$ el vector diferència d'alçades ortomètriques entre dos punts de dues superfícies equipotencials pròxims i sigui $\overline{g}$ el vector gravetat.

És evident que, en estar $\bar{g}$ dirigit cap a l'interior de la Terra, l'angle entre $\bar{g}$ i $d\bar{H}$ es de 180°, i el seu producte escalar és:

$$dW = \bar{g} \cdot d\bar{H} \cdot \cos 180^{\circ} = -g \cdot dH \qquad \rightarrow \qquad dW = -g \cdot dH$$

Aquesta relació és important, ja que relaciona conceptes geomètrics, H, amb conceptes dinàmics, W, i mostra clarament la interrelació inseparable que caracteritza la geodèsia geomètrica i dinàmica.

Una altra fórmula de l'expressió anterior és: $g = -\dfrac{dW}{dH}$ que indica que la gravetat és la derivada del potencial segons la normal canviada de signe, o bé la component vertical del gradient de W canviada de signe.

Atès que els mesuraments geodèsics, com l'anivellació o les tècniques per a satèl·lits, entre d'altres, es refereixen gairebé exclusivament al sistema de superfície de nivell i a les línies de la plomada, el geoide hi juga un paper essencial. Així, comprovem per què l'objectiu de la geodèsia física és formulat com la "determinació de les superfícies de nivell del camp gravitatori de la Terra" i, de forma més abstracta, com la determinació del potencial W(x, y, z) ja que, si W està donat com una funció de x, y, z, sabem que totes les superfícies de nivell, incloent-hi el geoide, vénen donades per l'equació W(x, y, z) = constant.

S'anomena *cota geopotencial* la diferència de potencial amb signe canviat entre un punt P de la superfície P_0 del geoide (ambdós pertanyen a la mateixa línia de força). Es compleix:

$$C = W_0 - W = -\int_{W_0}^{W} dW = \int_{O}^{H} dH$$

I també:

$$H = \int_{O}^{H} dH = -\int_{W_0}^{W} \frac{dW}{g} = \int_{O}^{C} \frac{dC}{g}$$

La integral és calculada al llarg de la línia de la plomada del punt P, començant des del geoide, on H = 0 i W = W_0.

C es pot determinar per anivellació geomètrica i per mesuraments de la gravetat al llarg de qualsevol camí entre P_0 i P, ja que la integral és independent del camí amb el qual P_0 pot ser qualsevol punt del geoide.

Com a propietat, es pot considerar $\bar{g} = \dfrac{\int_{P_0}^{P} g\, dH}{H}$, essent $\bar{g}$ el valor mitjà de la gravetat entre P_0 i P.

Es compleix que $C = W_0 - W = H \cdot \bar{g} \quad \rightarrow \quad H = \dfrac{C}{\bar{g}}$.

4.3. El desenvolupament del potencial gravitacional en harmònics esfèrics

4.3.1. Coordenades esfèriques geocèntriques

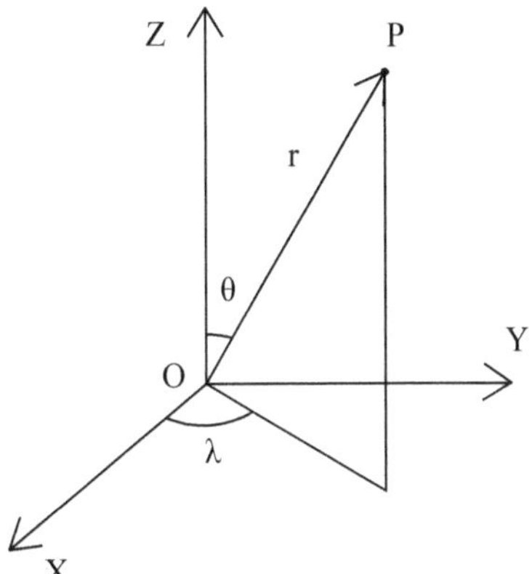

Figura 4.8.
Esquema del sistema de coordenades geocèntriques

r: radi del vector geocèntric

θ: col·latitud geocèntrica (complement de la latitud geocèntrica)

λ: angle que forma el meridià d'origen amb el meridià de P

Origen O: centre de masses de la Terra (geocèntric)

Eix OZ: eix de rotació mitjà de la Terra

Eix OX: eix a l'equador en direcció al meridià d'origen (meridià de l'UT1 a Greenwich)

Eix OY: eix que forma tríedre directe amb els anteriors

Es compleix:

$$\left.\begin{array}{l} X = r\sin\theta\cos\lambda \\[2mm] Y = r\sin\theta\sin\lambda \\[2mm] Z = r\cos\theta \end{array}\right\} \quad \left\{\begin{array}{l} r = \sqrt{X^2 + Y^2 + Z^2} \\[2mm] \theta = arctg\left(\dfrac{\sqrt{X^2 + Y^2}}{Z}\right) \\[2mm] \lambda = arctg\left(\dfrac{Y}{X}\right) \end{array}\right.$$

Distància esfèrica (ψ) entre els punts P(r, θ, λ) i P'(r', θ', λ'):

$$\cos\psi = \cos\theta\,\cos\theta' + \sin\theta\,\sin\theta'\cos(\lambda - \lambda')$$

Distància espacial: $l^2 = r^2 + r'^2 - 2\,r\,r'\cos\psi$

Si els punts P i P' estan sobre una esfera de radi R:

$$r = r' = R \quad \rightarrow \quad l^2 = 2R^2(1-\cos\psi)$$

com que $\cos\psi = \cos^2\dfrac{\psi}{2} - \sin^2\dfrac{\psi}{2} = 1 - 2\,\sin^2\dfrac{\psi}{2} \quad \rightarrow \quad l = 2\mathrm{R}\sin\dfrac{\psi}{2}$

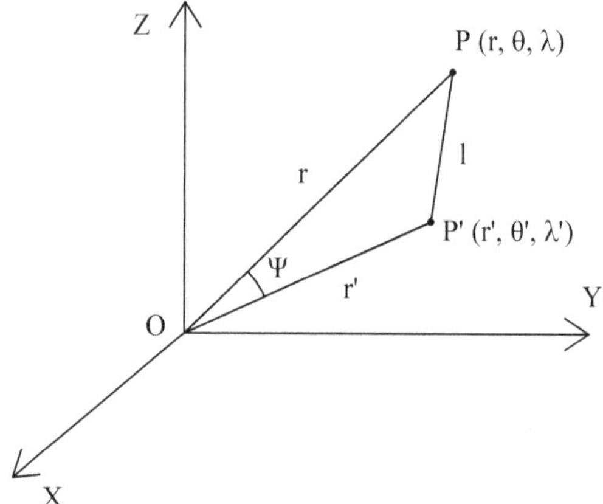

Figura 4.9. Coordenades geocèntriques dels punts.

4.3.2. Harmònics esfèrics

V és harmònica a l'exterior de les masses atraients.

L'equació de Laplace $\Delta V = 0$. per al potencial gravitatori V(x,y,z) en coordenades esfèriques s'escriu com:

$$r^2\frac{\partial^2 V}{\partial r^2} + 2r\frac{\partial V}{\partial r} + \frac{\partial^2 V}{\partial\theta^2} + \cot\theta\frac{\partial V}{\partial\theta} + \frac{1}{\sin^2\theta}\cdot\frac{\partial^2 V}{\partial\lambda^2} = 0$$

La solució general per a l'interior d'una esfera de radi la unitat ve donada per:

$$V_i\big(\mathrm{r},\theta,\,\lambda\big) = \sum_{\mathrm{n}=0}^{+\infty}\mathrm{r}^{\mathrm{n}}\mathrm{Y}_{\mathrm{n}}(\theta,\,\lambda)$$

I, per al seu exterior:

$$V_e\big(\mathrm{r},\theta,\,\lambda\big) = \sum_{\mathrm{n}=0}^{+\infty}\frac{1}{\mathrm{r}^{\mathrm{n}-1}}\,\mathrm{Y}_{\mathrm{n}}(\theta,\,\lambda)$$

Aquestes funcions s'anomenen *harmònics esfèrics* sòlids i les $\mathrm{Y}_{\mathrm{n}}(\theta,\lambda)$, *harmònics esfèrics* de superfície.

Les funcions $\mathrm{Y}_{\mathrm{n}}(\theta,\lambda)$ vénen donades per:

$$Y_n\left(\theta,\lambda\right) = \sum_{m=0}^{n}\left(a_{nm}\cos m\lambda + b_{nm}\sin m\lambda\right)P_{nm}\left(\cos\theta\right)$$

on a_{nm} i b_{nm} són constants (coeficients harmònics); n i m són enters positius, i les funcions $P_{nm}(\cos\theta)$ són les funcions associades de Legendre de primera classe.

Anomenant:
$$R_{nm}\left(\theta,\lambda\right) = P_{nm}\left(\cos\theta\right)\cos m\lambda$$

$$S_{nm}\left(\theta,\lambda\right) = P_{nm}\left(\cos\theta\right)\sin m\lambda$$

$$\rightarrow \quad Y_n\left(\theta,\lambda\right) = \sum_{m=0}^{n}\left(a_{nm}R_{nm}\left(\theta,\lambda\right) + b_{nm}\sin m\lambda\right)S_{nm}\left(\theta,\lambda\right))$$

Els polinomis de Legendre s'obtenen de:

$$P_n\left(\cos\theta\right) = \frac{1}{2^n n!}\cdot\frac{d^n\left(\cos^2\theta - 1\right)}{d\left(\cos\theta\right)^n}$$

$$P_0 = 1; \quad P_1 = \cos\theta; \quad P_2 = \frac{3}{2}\cos^2\theta - \frac{1}{2}$$

Els polinomis associats de Legendre s'obtenen de:

$$P_{nm}\left(\cos\theta\right) = (1 - \cos^2\theta)^{m/2}\,\frac{d^m P_m(\cos\theta)}{d(\cos\theta)^m}$$

$$P_{11} = \sin\theta; \quad P_{21} = 3\sin\theta\cos\theta; \quad P_{22} = 3\sin^2\theta$$

4.3.3. Desenvolupament de l'invers de la distància

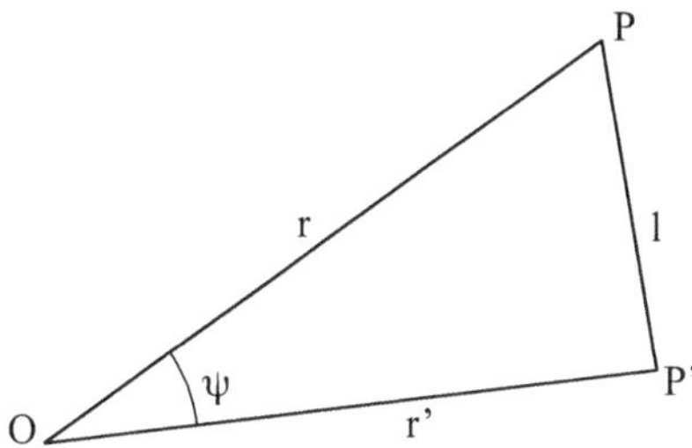

Figura 4.10. Paràmetres necessaris per al desenvolupament de l'invers de la distància

L'invers de la distància entre dos punts $P(r, \theta, \lambda)$ i $P'(r', \theta', \lambda')$ es pot desenvolupar en una sèrie d'harmònics esfèrics de la manera següent:

$$l^2 = r^2 + r'^2 - 2rr'\cos\psi$$

$$\frac{1}{l} = (r^2 + r'^2 - 2r\,r'\cos\psi)^{-1/2} = \frac{1}{r}\left[1 + \left(\frac{r'}{r}\right)^2 - 2\frac{r'}{r}\cos\psi\right]$$

Ψ és l'angle entre les direccions de O a P i de O a P'.

$$\frac{1}{l} = \sum_{n=0}^{+\infty} \frac{r'^n}{r^{n+1}} P_n\left(\cos\psi\right) \quad\rightarrow\quad \frac{1}{l} = \frac{1}{r}\sum_{n=0}^{+\infty}\left(\frac{r'}{r}\right)^n P_n\left(\cos\psi\right)$$

Com es recorda:

$$\cos\psi = \cos\theta\,\cos\theta' + \sin\theta\,\sin\theta'\cos(\lambda'-\lambda)$$

$$\frac{1}{l} = \sum_{n=0}^{+\infty}\left[\frac{P_n(\cos\theta)}{r^{n+1}} r'^n P_n\left(\cos\theta'\right) + 2\sum_{m=1}^{n}\frac{(n-m)!}{(n+m)!}\cdot\left\{\begin{array}{l}\dfrac{R_{nm}\left(\theta,\lambda\right)}{r^{n+1}} r'^n R_{nm}\left(\theta',\lambda'\right) + \\[2mm] \dfrac{S_{nm}\left(\theta,\lambda\right)}{r^{n+1}} r'^n S_{nm}\left(\theta',\lambda'\right)\end{array}\right\}\right]$$

Introduint-hi els harmònics fortament normalitzats:

$$\bar{R}_{n0}\left(\theta,\lambda\right) = \sqrt{2n+1}\cdot R_{n0}\left(\theta,\lambda\right) = \sqrt{2n+1}\cdot P_n\left(\cos\theta\right)\quad m = 0$$

$$\left.\begin{array}{l}\bar{R}_{nm}\left(\theta,\lambda\right) = \sqrt{2(2n+1)\dfrac{(n-m)!}{(n+m)!}}\cdot R_{nm}\left(\theta,\lambda\right) \\[5mm] \bar{S}_{nm}\left(\theta,\lambda\right) = \sqrt{2(2n+1)\dfrac{(n-m)!}{(n+m)!}}\cdot S_{nm}\left(\theta,\lambda\right)\end{array}\right\} m \neq 0$$

$$\bar{S}_{nm}\left(\theta,\lambda\right) = \sqrt{2(2n+1)\dfrac{(n-m)!}{(n+m)!}}\cdot S_{nm}\left(\theta,\lambda\right)$$

$$\frac{1}{l} = \sum_{n=0}^{+\infty}\sum_{m=0}^{n}\frac{1}{2n+1}\left[\frac{\bar{R}_{nm}\left(\theta,\lambda\right)}{r^{n+1}} r'^n \bar{R}_{nm}\left(\theta',\lambda'\right) + \frac{\bar{S}'_{nm}}{r^{n+1}} r'^n \bar{S}_{nm}\left(\theta',\lambda'\right)\right]$$

Es vol trobar una expressió per al potencial gravitacional terrestre. La part més difícil és el potencial gravitatori V, ja que el potencial centrífug ϕ és una simple funció analítica.

La funció potencial gravitatori s'expressa: $\quad V = G\iiint_M \dfrac{dm}{l}$

Utilitzant el mètode clàssic de Helmert basat en el desenvolupament en sèrie del factor $\dfrac{1}{l}$:

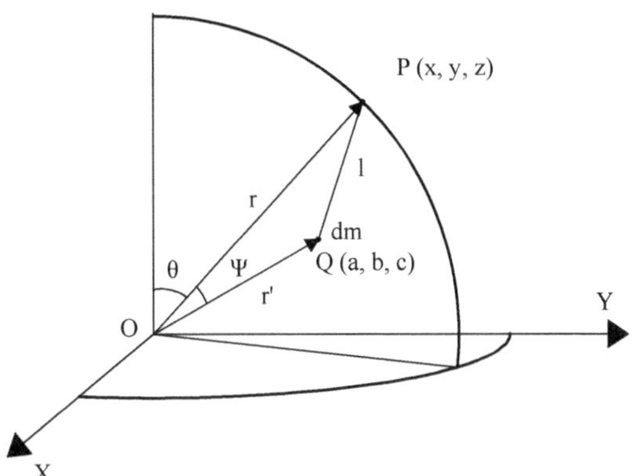

Figura 4.11. Representació del sistema de referència geocèntric global, amb dos punts P i Q

Sistema de referència geocèntric global :
$\begin{cases} OZ: \text{eix de rotació mitjà de la Terra} \\ OX: \text{eix en el pla equatorial cap a} \\ \text{l'origen de longituds} \\ OY: \text{eix que forma tríedre directe} \end{cases}$

Es té:

$$x = r\sin\theta\cos\lambda \qquad a = r'\sin\theta'\cos\lambda'$$
$$y = r\sin\theta\sin\lambda \qquad b = r'\sin\theta'\sin\lambda'$$
$$z = r\cos\theta \qquad c = r'\cos\theta'$$

Essent: $r^2 = x^2 + y^2 + z^2 \qquad r'^2 = a^2 + b^2 + c^2 = s^2$

r' l'anomenem s.

$$l^2 = (x-a)^2 + (y-b)^2 + (z-c)^2 \; ; \; cos\psi = \frac{\overline{r}\cdot\overline{s}}{rs} = \frac{ax + by + cz}{rs}$$

$$l^2 = r^2 + s^2 - 2rscos\psi, \text{ recordant que } \frac{1}{l} = \sum_{n=0}^{+\infty} \frac{s^n}{r^{n+1}} P_n(cos\psi)$$

$$\rightarrow V = G\iiint_M \sum_{n=0}^{+\infty} \frac{s^n}{r^{n+1}} P_n(cos\psi)dm = \sum_{n=0}^{+\infty} G\frac{1}{r^{n+1}} \iiint_M s^n P_n(cos\psi)dm = \sum_{n=0}^{+\infty} V_n$$

amb:

$$V_n = \frac{G}{r^{n+1}} \iiint_M s^n P_n(cos\psi)dm$$

Es calcula la forma explícita dels primers termes del desenvolupament de V.

El terme de grau zero és:

$$V_0 = \frac{G}{r} \iiint_M P_0(\cos\psi)dm = \frac{G}{r}\iiint_M dm = \frac{GM}{r}$$

que és el potencial d'atracció d'una esfera de massa M sobre la unitat de massa situada a una distància r del seu centre.

El terme de primer grau és:

$$V_1 = \frac{G}{r^2}\iiint_M s{\cdot}P_1(\cos\psi)dm = \frac{G}{r^2}\iiint_M s{\cdot}\cos\psi \, dm$$

$$\rightarrow V_1 = \frac{G}{r^2}\iiint_M s\frac{ax+by+cz}{rs}dm = \frac{G}{r^3}\iiint_M \left(ax+by+cz\right)dm$$

$$= \frac{G}{r^3}\left[x{\cdot}\iiint_M a{\cdot}dm + y{\cdot}\iiint_M b{\cdot}dm + z{\cdot}\iiint_M c{\cdot}dm\right]$$

Les coordenades del centre de gravetat de la Terra vénen donades per:

$$\xi = \frac{1}{M}\iiint_M a{\cdot}dm; \quad \eta = \frac{1}{M}\iiint_M b{\cdot}dm ; \quad \zeta = \frac{1}{M}\iiint_M c{\cdot}dm$$

$$V_1 = \frac{GM}{r^3}\left(x\xi + y\eta + z\zeta\right) = \frac{GM}{r^2}\left(\xi\sin\theta\cos\lambda + \eta\sin\theta\sin\lambda + \zeta\cos\theta\right)$$

L'origen del sistema de referència es pren al centre de gravetat de la Terra:

$$\xi = \eta = \zeta = 0 \;\rightarrow\; V_1 = 0$$

El terme de segon grau és (no escrivint la triple integral per a M):

$$V_2 = \frac{G}{r^3}\iiint s^2 P_2\left(\cos\Psi\right)dm = \frac{G}{2r^3}\iiint s^2\left(3\cos^2\Psi - 1\right)dm$$

$$= \frac{G}{2r^3}\iiint\left[3s^2\frac{(ax+by+cz)^2}{s^3 r^2} - s^2\right]dm$$

$$V_2 = \frac{G}{2r^3}\left[\frac{3}{r^2}\left(\begin{array}{l}x^2\iiint a^2\,dm + y^2\iiint b^2\,dm + z^2\iiint c^2\,dm \\[4pt] +2xy\iiint ab\,dm + 2xz\iiint ac\,dm + 2yz\iiint bc\,dm\end{array}\right) - \right.$$
$$\left. \iiint a^2\,dm - \iiint b^2\,dm - \iiint c^2\,dm \right]$$

Els moments i els productes (del tensor d'inèrcia) són definits per:

$$A = \iiint (b^2 + c^2)dm \qquad D = -\iiint ab\, dm$$

$$B = \iiint (a^2 + c^2)dm \qquad E = -\iiint ac\, dm$$

$$C = \iiint (a^2 + b^2)dm \qquad F = -\iiint bc\, dm$$

d'on s'obtenen les relacions:

$$\iiint a^2 dm = \frac{B+C-A}{2} \; ; \; \iiint b^2 dm = \frac{A+C-B}{2} \; ; \; \iiint c^2 dm = \frac{A+B-C}{2}$$

$$V_2 = \frac{G}{2r^3}\left[\frac{3}{r^2}\left(x^2\frac{B+C-A}{2} + y^2\frac{A+C-B}{2} + z^2\frac{A+B-C}{2}\right) - 2xyD - 2xzE - 2yzF - \frac{B+C-A}{2} - \frac{A+C-B}{2} - \frac{A+B-C}{2}\right]$$

$$V_2 = \frac{G}{2r^5}\left[(B+C-2A)x^2 + (A+C-2B)y^2 + (A+B-2C)z^2 - 6(xyD + xzE + yzF)\right]$$

Al segon ordre, el potencial gravitatori ve donat per:

$$V = V_0 + V_1 + V_2$$

Reemplaçant, es troba:

$$V = \frac{GM}{r} + \frac{G}{2r^3}\left[(A+B+C) - 3\left(A\frac{x^2}{r^2} + B\frac{y^2}{r^2} + C\frac{z^2}{r^2} + 2D\frac{xy}{r^2} + 2E\frac{xz}{r^2} + 2F\frac{yz}{r^2}\right)\right]$$

El moment d'inèrcia respecte a l'eix OP té com a cosinus directors:

$$\alpha = \frac{x}{r} \quad , \qquad \beta = \frac{y}{r} \quad , \qquad \gamma = \frac{z}{r}$$

amb expressió:

$$I_{OP} = A\frac{x^2}{r^2} + B\frac{y^2}{r^2} + C\frac{z^2}{r^2} + 2\frac{xy}{r^2}D + 2\frac{xz}{r^2}E + 2\frac{yz}{r^2}F$$

$$V = \frac{GM}{r} + \frac{G}{2r^3}(A+B+C-3I_{OP})$$

que és el teorema de McCullagh: "El potencial gravitatori d'un cos de densitat qualsevol en un punt P pot escriure's fins al segon ordre en funció dels moments d'inèrcia del cos respecte als eixos de coordenades i del moment d'inèrcia respecte a l'eix OP que uneix l'origen del sistema amb el punt del càlcul."

El potencial gravitatori de la Terra es pot escriure de la manera següent:

$$V(r,\theta,\lambda) = \sum_{n=0}^{+\infty} \frac{1}{r^{n+1}} Y_n(\theta,\lambda)$$

amb $Y_n(\theta,\lambda) = \sum_{m=0}^{n} (P_{nm}\cos m\lambda + q_{nm}sen\, m\lambda)P_{nm}(\cos\theta)$

Introduint com a constant el semidiàmetre equatorial de la Terra, a_e:

$$V(r,\theta,\lambda) = \sum_{n=0}^{+\infty} \left(\frac{a_e}{r}\right)^{n+1} Y_n(\theta,\lambda)$$

amb $Y_n(\theta,\lambda) = \sum_{m=0}^{n} (a_{nm}\cos m\lambda + b_{nm}sen\, m\lambda)P_{nm}(\cos\theta)$.

Les quantitats a_{nm}, b_{nm} són coeficients i les P_{nm} són les funcions associades de Legendre (grau n, ordre m).

Si:

m=0, els harmònics són zonals

m=n, els harmònics són sectorials

0<m<n, els harmònics són teserals

m = 0, harmònics zonals

m = n, harmònics sectorials

0<m<n, harmònics tesserals

En geodèsia espacial, és usual utilitzar coeficients dimensionals, que es designen com C_{nm} i S_{nm}. S'utilitzen: $C_{nm} = a_{nm}\cdot\dfrac{a_e}{GM}$; $S_{nm} = b_{nm}\cdot\dfrac{a_e}{GM}$

I se n'obté:

$$V(r,\theta,\lambda) = \frac{GM}{r}\left[1 + \sum_{n=2}^{+\infty}\left(\frac{a_e}{r}\right)^n \cdot \sum_{m=0}^{n}(C_{nm}\cos m\lambda + S_{nm}\sin m\lambda)P_{nm}(\cos\theta)\right]$$

Una altra notació que s'utilitza sovint és: $J_n = -C_{n0}$; $J_{nm} = -C_{nm}$; $K_{nm} = -S_{nm}$

I se n'obté:

$$V\left(r,\theta,\lambda\right) = \frac{GM}{r}\left\{1 - \sum_{n=2}^{+\infty}\left(\frac{a_e}{r}\right)^n \left[J_n P_n\left(\cos\theta\right) + \sum_{m=1}^{n}(J_{nm}\cos m\lambda + K_{nm}\sin m\lambda)P_{nm}\left(\cos\theta\right) \right]\right\}$$

Alguns coeficients estan relacionats amb constants físiques de la Terra:

$$J_1 = J_{11} = K_{11} = 0 \; ; \qquad J_2 = \frac{1}{a_e^2 M}\left(C - \frac{A+B}{2}\right)$$

$$J_{21} = \frac{E}{a_e^2 M} \; (= 0 \text{ si OZ és d'inèrcia)}; \quad J_{22} = \frac{A-B}{4a_e^2 M} \; (= 0 \text{ si hi ha simetria de rotació)}$$

$$K_{21} = \frac{F}{a_e^2 M} \; (= 0 \text{ si OZ és d'inèrcia)}; \quad K_{22} = \frac{D}{2a_e^2 M} \; (= 0 \text{ si hi ha simetria de rotació)}$$

Si la Terra se suposa que té simetria de rotació, es té:

$$V\left(r,\theta,\lambda\right) = \frac{GM}{r}\left[1 - \sum_{n=2}^{+\infty}\left(\frac{a_e}{r}\right)^n J_n P_n\left(\cos\theta\right)\right]$$

amb $J_2 = \dfrac{C-A}{a_e^2 M}$

En general, la funció geopotencial es pot escriure com:

$$W\left(r,\theta,\lambda\right) = V + \phi = \frac{GM}{r}\left[1 + \sum_{n=2}^{+\infty}\left(\frac{a_e}{r}\right)^n \sum_{m=0}^{n}(C_{nm}\cos m\lambda + S_{nm}\sin m\lambda)P_{nm}\left(\cos\theta\right)\right] + \frac{1}{2}\omega^2 r^2 \sin^2\theta$$

I, com es recorda: $\phi = \dfrac{1}{2}\omega^2\left(x^2 + y^2\right) = \dfrac{1}{2}\omega^2(r^2 - r^2\cos^2\theta) = \dfrac{1}{2}\omega^2 r^2 \sin^2\theta$

4.4. El *datum* geodèsic

El control geodèsic (càlcul de coordenades dels punts de la Terra) a escala local, regional, nacional i internacional ha experimentat una revolució arran de la irrupció dels sistemes per satèl·lit que ofereixen una capacitat de posicionament precís als observadors terrestres a totes les escales, en què el Global Positioning System (GPS) ha obtingut l'impacte més destacat.

La National Geodetic Survey (NGS) assenyala que "un *datum* geodèsic (*geodetic datum*) és un conjunt de paràmetres i constants que defineixen un sistema de coordenades, incloent-hi un origen i la seva orientació i escala, de manera que siguin accessibles per a les aplicacions geodèsiques".

S'observa que la definició inclou la definició d'un sistema de coordenades (*system of coordinates*) i la seva realització, això és el marc de coordenades (*frame of coordinates*).

Conceptualment, el *datum* geodèsic defineix un sistema de coordenades, però des del moment que s'especifiquen els paràmetres que constitueixen un *datum* particular, entra dins la definició d'un marc.

Un *datum* geodèsic horitzontal és un *datum* geodèsic per al control geodèsic horitzontal en què els punts són representats en un el·lipsoide específic. El *datum* horitzontal és en 2D, en el sentit que són necessàries i suficients dues coordenades –la longitud i la latitud– per identificar un punt; en canvi, la geometria de la superfície en què aquests punts són representats (*mapped*) és tal que la seva realització o accessibilitat requereix una conceptualització en 3D.

Un *datum* geodèsic vertical és un *datum* geodèsic per al control geodèsic vertical en què els punts són representats en el geopotencial (*mapped to the geopotential*). Igual com el *datum* horitzontal, requereix un origen però, com que és unidimensional, no té orientació, essent l'escala inherent a l'aparell de mesurament (mires d'anivellació, *leveling roads*). L'origen és un punt de la superfície terrestre on l'alçada té un valor definit (p. ex., alçada zero en una estació mareogràfica costanera (*coast tide-gauge station*).

4.5. L'ondulació del geoide i la deflexió de la vertical

A mesura que les tècniques de mesurament milloren amb l'avanç tecnològic, resulta cada cop més important i necessari definir exactament què s'entén per figura de la Terra.

L'any 1828, Gauss descriu per primer cop la figura (matemàtica) de la Terra. El 1880, Helmert presenta el primer tractament complet en geodèsia física. L'any 1884, defineix amb més precisió el geoide identificant-lo amb la superfície de l'oceà, sense pertorbacions com les causades per les marees, els vents, les onades, etc.

Aquest geoide és considerat una superfície equipotencial del camp gravitacional de la Terra. Malauradament, aquesta definició de geoide no és completament realitzable, perquè la superfície oceànica és una superfície dinàmica que canvia constantment per raó dels corrents, etc., atès que aquests efectes són generalment de l'ordre del metre. Tanmateix, per a moltes aplicacions (no per a totes), es pot identificar el nivell mitjà del mar amb el geoide.

La forma física de la Terra real és aproximada per la superfície matemàtica de l'el·lipsoide de revolució. Aquesta superfície és suau i convenient per a les operacions matemàtiques. Per això, l'el·lipsoide s'utilitza àmpliament com a superfície de referència per les coordenades horitzontals en les xarxes geodèsiques.

Definim l'el·lipsoide mitjà de la Terra geomètricament com aquell que aproxima el geoide més exactament. Una altra definició equivalent de l'el·lipsoide mitjà de la Terra, des del punt de vista físic, és l'el·lipsoide de revolució que comparteix amb la Terra la massa M, el potencial W_0, la diferència entre els moments principals d'inèrcia $G\left(C - \dfrac{A+B}{2}\right)$ i la velocitat angular ω.

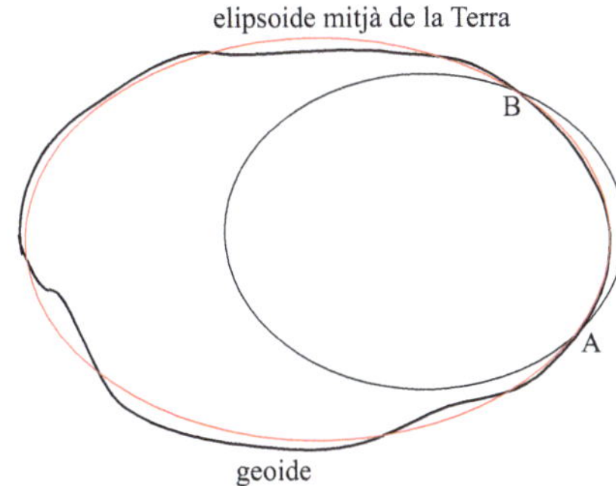

Figura 4.12.
Diferències entre l'el·lipsoide mitjà de la Terra i el geoide entre dos punts A i B Representació del sistema de referència

Tanmateix, l'el·lipsoide mesurat de la Terra, definit així, no és necessàriament la millor superfície de referència per a les aplicacions pràctiques geodèsiques. És definit essencialment per a determinacions empíriques de GM, W_0, $G\left(C - \dfrac{A+B}{2}\right)$ i ω. Els seus valors i paràmetres variaran amb cada millora de la qualitat o amb l'augment del nombre dels mesuraments rellevants (gravetat, distàncies, etc.).

Atesa la gran quantitat de dades numèriques basades en un el·lipsoide de referència determinat, seria molt poc pràctic canviar-lo sovint, perquè això comportaria transformacions successives de totes les dades. És molt millor utilitzar un el·lipsoide de referència fixat amb valors seleccionats rígidament dels paràmetres (p. ex., Geodetic Reference System, 1980, GRS80).

L'el·lipsoide és molt menys aconsellable com a superfície de referència per a les coordenades verticals (altures). En lloc seu, s'utilitza el geoide. La relació entre el geoide i l'el·lipsoide ve donada per l'expressió $h = H + N$, en què:

h: altura el·lipsoïdal (*ellipsoidal height*) o distància entre la superfície de l'el·lipsoide i el punt sobre la superfície terrestre (les altures mesurades sobre l'el·lipsoide són les obtingudes dels mesuraments amb GPS).

H: altura ortomètrica (*orthometric height*) o altura mesurada a partir del geoide per a un punt sobre la superfície de la Terra. Aquesta distància es mesura al llarg de la línia que va en la direcció de la gravetat en qualsevol punt. A vegades, H s'anomena *altura normal*.

N: ondulació del geoide (*geoide undulation*) o distància entre la superfície del geoide i la de l'el·lipsoide. Aquesta ondulació és molt important per a moltes operacions cartogràfiques i geodèsiques. N també s'anomena *altura geoïdal*. Els valors numèrics de N depenen, en particular, de l'el·lipsoide utilitzat. Per a un el·lipsoide de referència global, poden arribar als ±100 m.

Figura 4.13. Diferències d'altures entre la topografia, l'el·lipsoide i el geoide

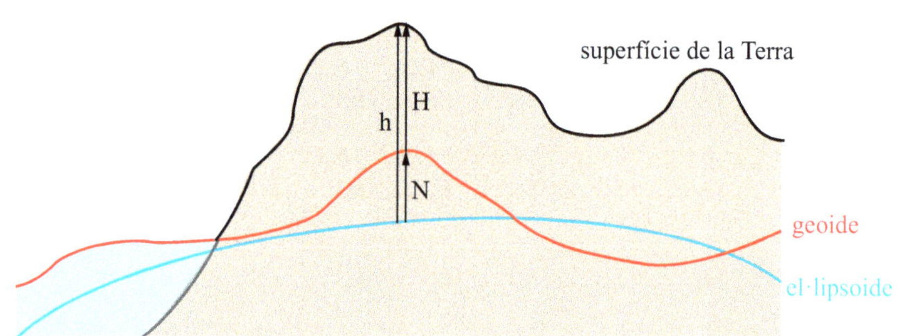

H és definida com la distància al llarg de la línia de la plomada (línia corba) des de la superfície de nivell a través del *datum* d'origen al punt en qüestió. "Amb suficient precisió, es pot negligir la curvatura de la línia de la plomada i aproximar l'altura ortomètrica com una distància al llarg de la normal el·lipsoïdal."

L'angle θ entre la direcció de la normal el·lipsoïdal i la línia de la plomada s'anomena *deflexió de la vertical*.

Figura 4.14. Deflexió de la vertical, en aquest cas amb diferència entre la línia perpendicular a l'el·lipsoide i la direcció de la línia de plomada de l'aparell

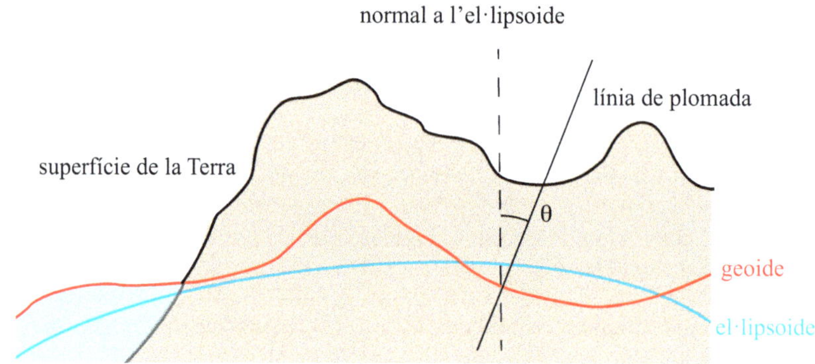

4.6. El nivell mitjà del mar

La superfície oceànica no coincideix amb cap superfície de nivell (per exemple, el geoide) del camp gravitatori terrestre; la desviació s'anomena *topografia de la superfície marina* (*sea surface topography* o SST, i també *dynamic ocean topography*). La SST instantània es veu afectada per variacions temporals a llarg termini, anuals, estacionals i de curt termini. Prenent la mitjana de la superfície oceànica per un període de temps, s'obté el nivell mitjà del mar (*mean sea level* o MSL).

Aquest MSL no és una superfície de nivell del camp gravitatori terrestre, a causa dels corrents oceànics i d'altres efectes quasiestacionaris. De fet, el MSL varia amb el temps.

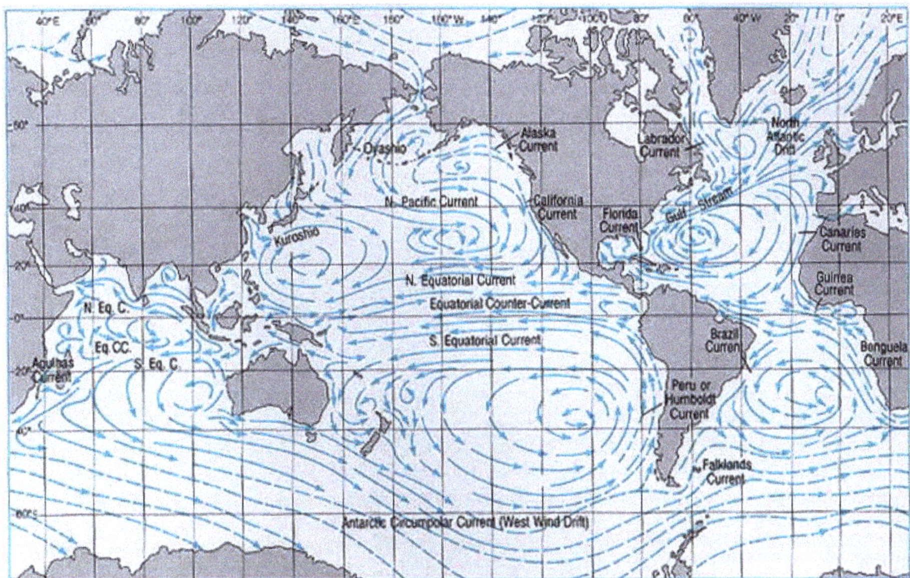

Figura 4.15. Mapa que mostra els diferents corrents oceànics que es produeixen per acció del vent i les diferències de temperatura i salinitat Transporten les aigües fredes a les regions més càlides. i viceversa, per la qual cosa contribueixen a un equilibri de temperatures a la Terra. Els corrents estan influïts per l'efecte de Coriolis; per tant, els de l'hemisferi nord es mouen en el sentit de les agulles del rellotge i les de l'hemisferi sud, en sentit contrari [31]

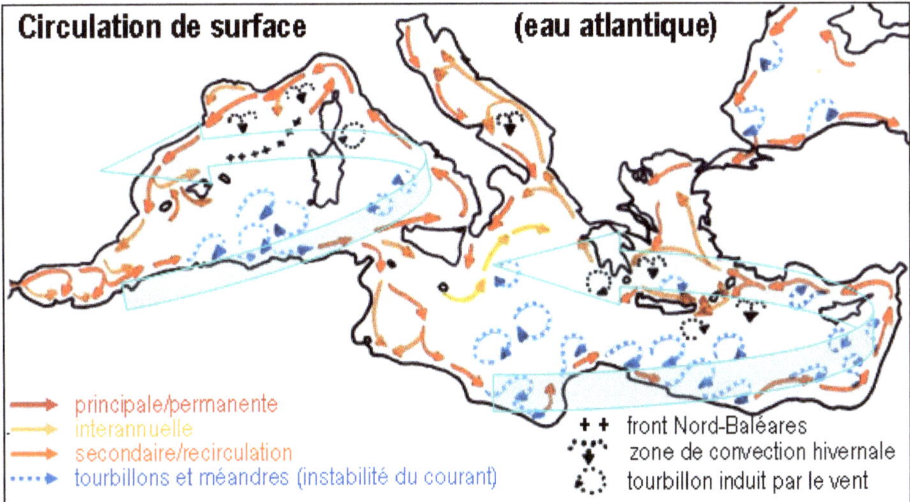

Figura 4.16. Esquema que representa els corrents del mar Mediterrani [32]

El MSL es pot obtenir amb mareògrafs (*tide gauges*) i amb altimetria per satèl·lit. Els mareògrafs adquireixen contínuament l'altura del nivell del mar respecte a una superfície de referència (altura) pròxima al geoide. Puertos del Estado és l'organisme que regula la majoria dels mareògrafs de la costa continental i dels arxipèlags de les illes Balears i les illes Canàries.

Anivellació geomètrica. Es basa en els mesuraments directes de diferència d'altituds entre dos punts, amb un instrument (p. ex., un nivell) que fixa una horitzontal, a través de la diferència d'altures en dues mires situades en aquests punts. El mètode resulta molt precís però lent. Mentre l'anivellació trigonomètrica per distàncies grans només fixa les altituds amb la precisió d'uns decímetres, l'anivellació geomètrica pot presentar només uns mil·límetres d'error.

Determinació de la cota zero d'un mareògraf. Realitzada una anivellació, les cotes han de quedar referides a un mateix origen, que s'anomena *cota zero*.

Figures 4.17 i 4.18 Mareògrafs radar al Port de Barcelona (esquerra) i al Port d'Eivissa (dreta). Font: Puertos del Estado [33]

Figura 4.19. Mareògraf acústic del Port de Barcelona [33]

Figura 4.20. Mareògraf radar de la UPC a Pont Europa [33]

El problema de determinar la cota zero és el problema de determinar el nivell mitjà del mar, cosa complicada, ja que la superfície del mar està contínuament en moviment. Per establir un *datum* vertical, s'instal·la un senyal d'anivellació fixa a terra ferma en les

proximitats del mareògraf i s'anomena *referència del mareògraf o senyal fonamental* (TGBM) i, respecte d'ella, es determina el nivell del mar.
Els mareògrafs estan connectats a una marca a la costa, la referència del mareògraf (RM).

Per poder separar les variacions del nivell del mar de les deformacions de l'escorça, cal que les posicions de les RM estiguin fixades amb una precisió de mil·límetres. La tecnologia actual fa que s'incorpori una estació GPS a prop del mareògraf, cosa que ha donat lloc a un GPS continu (*continuous GPS* o CGPS).

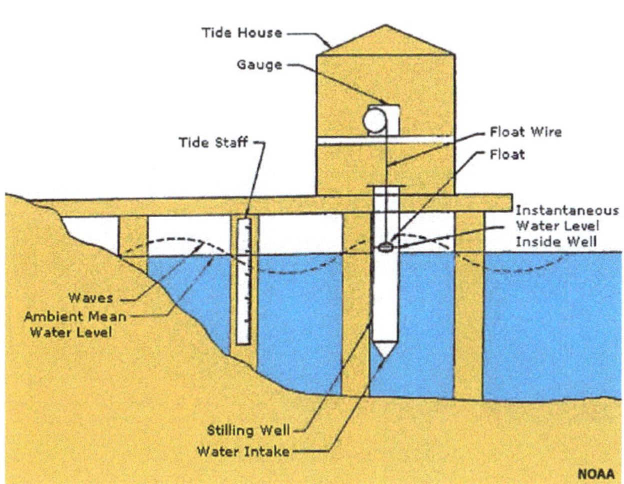

Figures 4.21 i 4.22. Esquemes del funcionament d'un mareògraf [34]

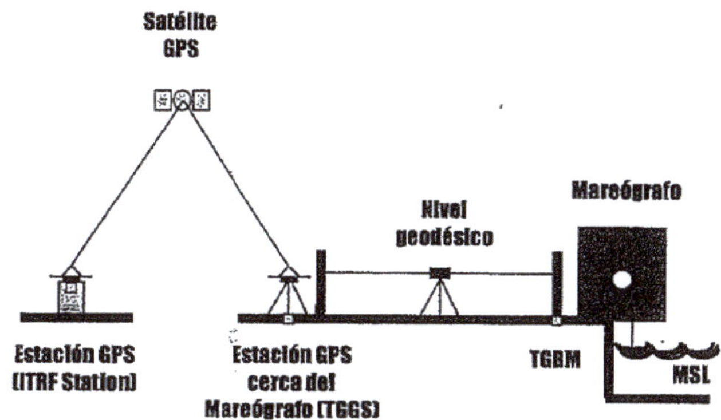

Figura 4.23.
GPS i mareògraf
(CGPS) a Eivissa
[33]

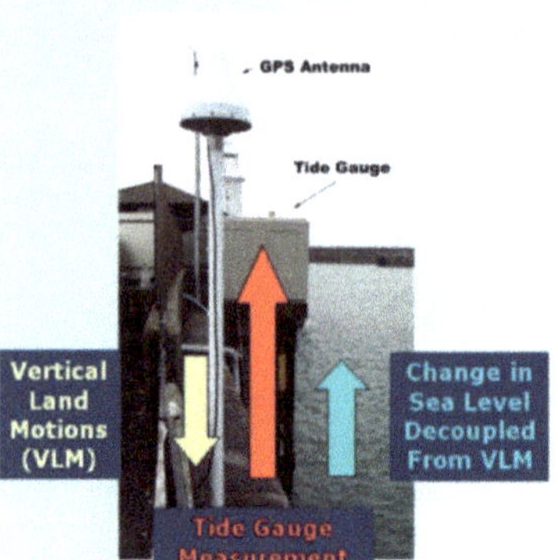

Figura 4.24.
Característiques dels
mareògrafs (*tide
gauges*)

L'altimetria per satèl·lit subministra directament la topografia de la superfície marina SST respecte a un el·lipsoide de referència. Amb l'excepció de les regions polars, els altímetres dels satèl·lits cobreixen l'oceà mitjançant traces repetitives en general, la qual cosa permet obtenir la superfície marina mitjana amb una precisió d'uns pocs centímetres. Anàlogament, permeten conèixer la variació del nivell del mar (*sea level change*) de forma global (*global mean sea level* o GMSL).

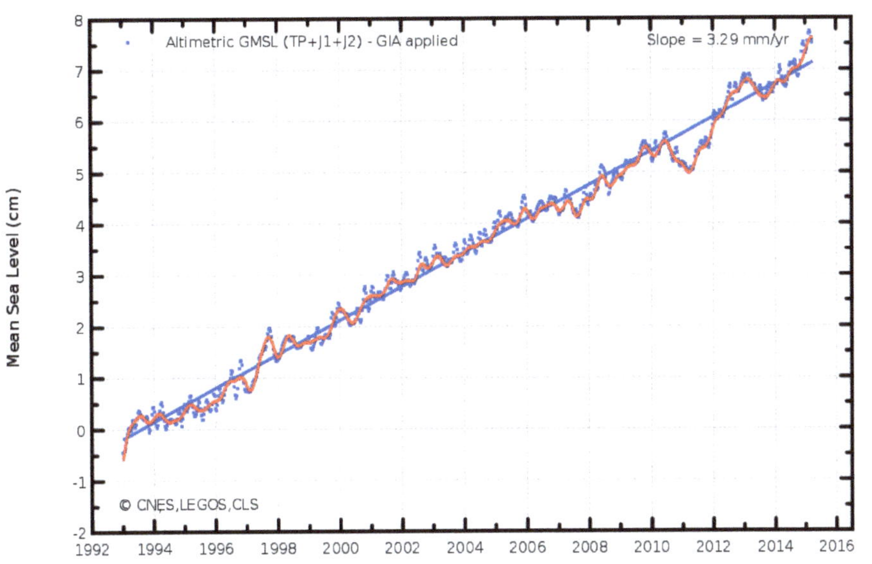

Figura 4.25. Gràfica que mostra la tendència del nivell mitjà del mar des de 1992 fins avui [35]

Tot i que la tendència global indica un augment del nivell mitjà dels oceans, hi ha notables diferències regionals, que varien uns +/-10 mm a l'any, aproximadament.

Figura 4.26. Estimació de l'altura geoïdal amb GPS / dades d'anivellament [21]

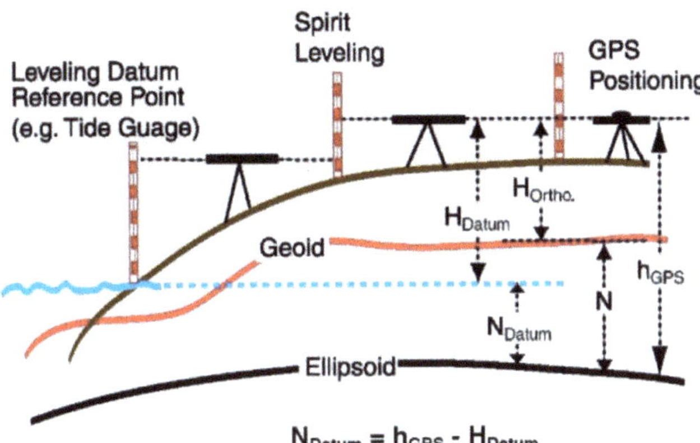

→ 5

Altimetria espacial

L'altimetria espacial és la tècnica que permet mesurar, des de l'espai, l'altura de la superfície dels oceans i de les masses d'aigua dolça.

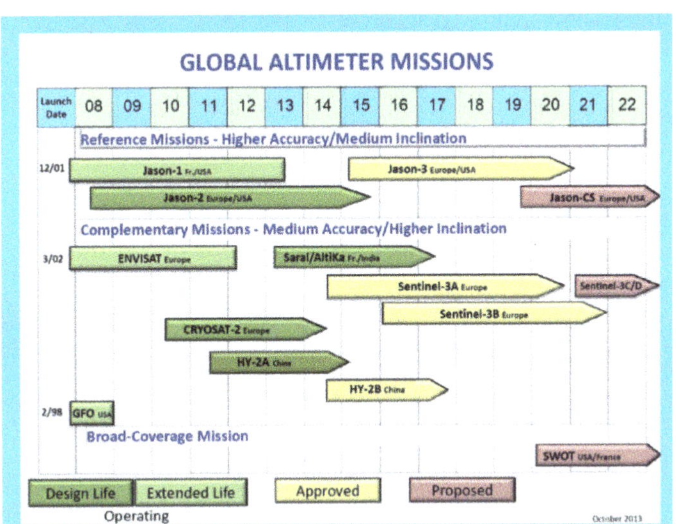

Figura 5.1. Gràfic amb els diferents tipus de satèl·lits encarregats de l'altimetria i les seves durades [36]

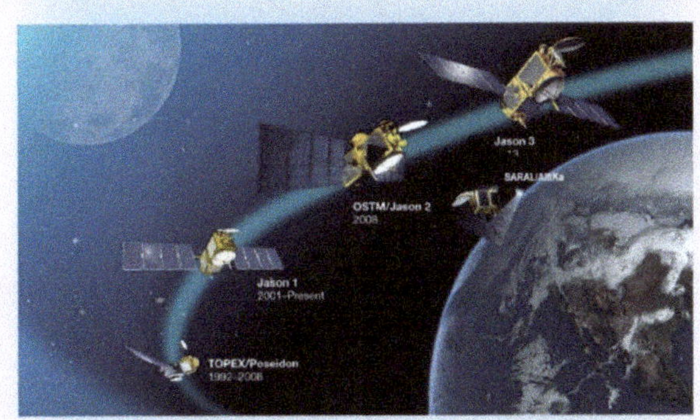

Figura 5.2. Canvis en el nivell del mar mesurats pels satèl·lits encarregats de l'altimetria [37]

Com es mesura el nivell del mar:

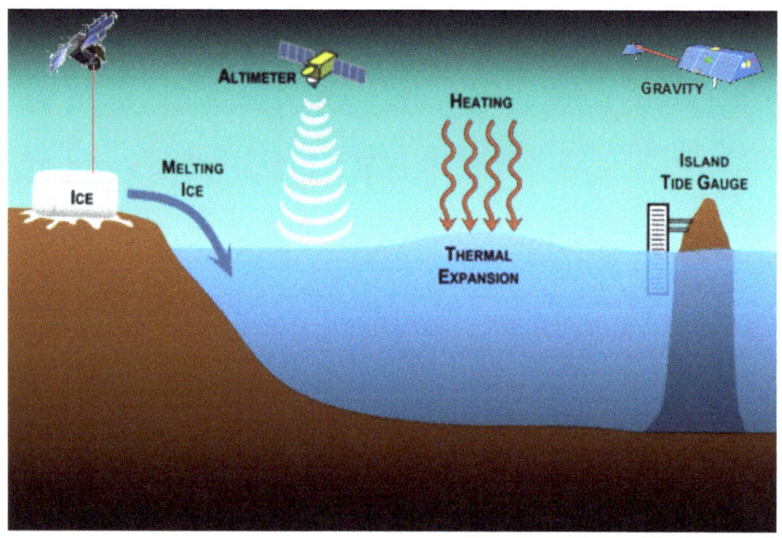

Figura 5.3. Els canvis en els mesuraments del nivell del mar es poden produir per diversos factors, com ara el desglaç de grans masses de gel o l'expansió termal produïda per la calor [37]

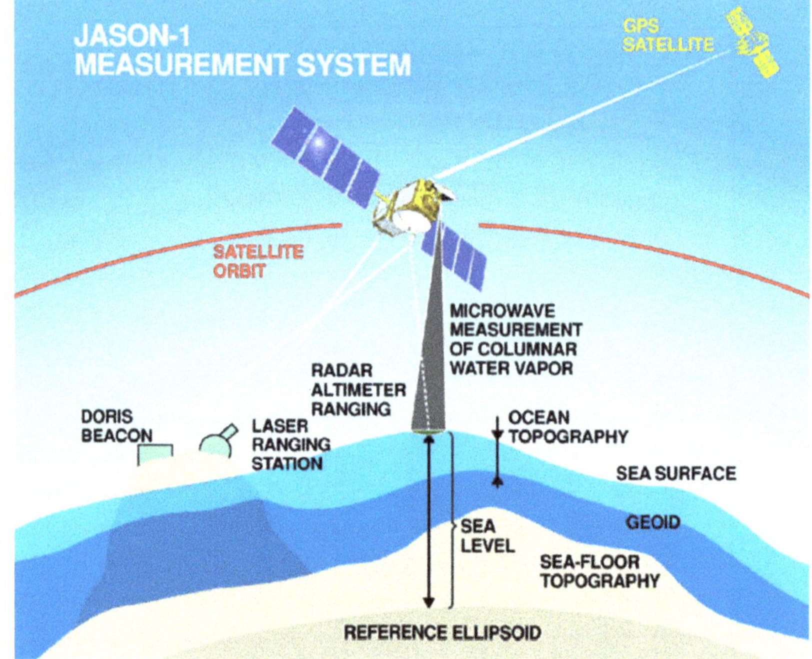

Figura 5.4. Altimetria per satèl·lit. Diferents superfícies de la Terra (topografia, geoide i el·lipsoide) i el nivell del mar mesurats amb satèl·lit [38]

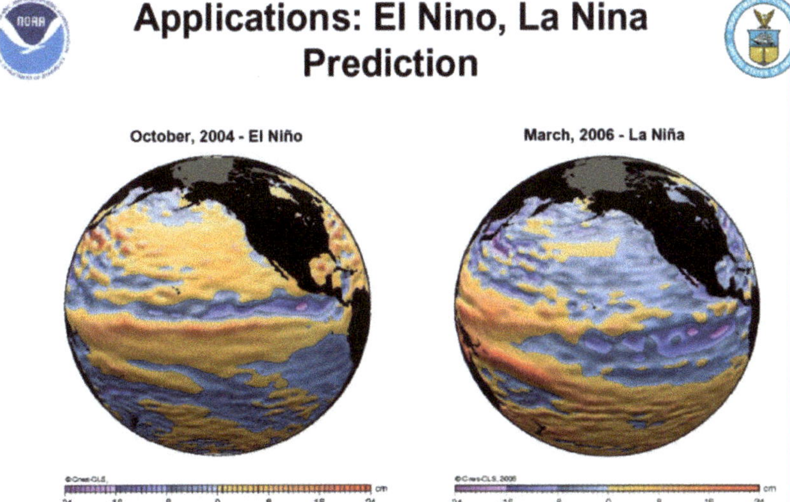

Figura 5.5.
El Niño és el fenomen meteorològic produït a l'oceà Pacífic, que provoca l'escalfament de les aigües sud-americanes pel desplaçament de les marees de l'hemisferi nord a l'hemisferi sud (dintre de la zona intertropical). El fenomen de La Niña és el contrari al d'El Niño, provocat per les temperatures més fredes a les costes sud-americanes. La Niña se sol produir després d'El Niño [39]

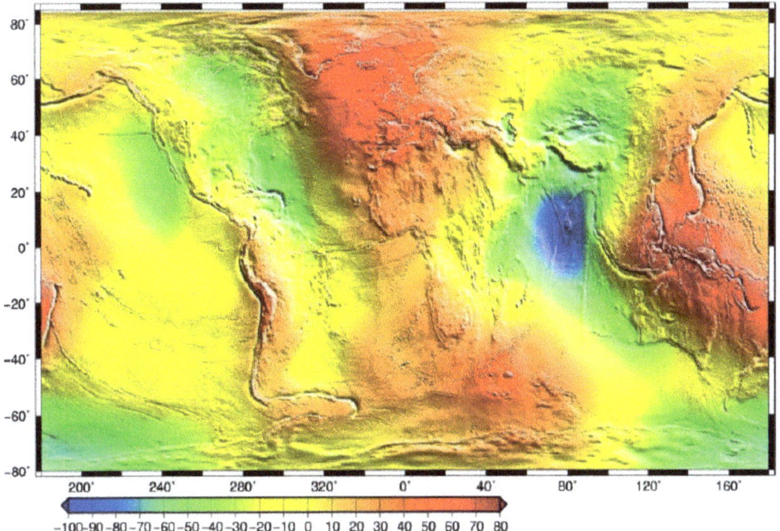

Figura 5.6.
El Centre National d'Études Spatiales (CNES) és una organització francesa encarregada del desenvolupament espacial nacional, i el Collecte Localisation Satellites (CLS) recull les dades dels satèl·lits. A la imatge, es pot veure el nivell mitjà de la superfície marina l'any 2011 [35]

5.1. La criosfera

Alguns llocs de la Terra són tan freds que l'aigua es troba en estat sòlid, ja sigui gel o neu. Els científics denominen aquestes regions glaçades *criosfera*, paraula que deriva del grec *kryos*, que significa "fred". Aquestes regions inclouen l'Antàrtida, l'oceà Àrtic, Groenlàndia, el nord del Canadà i Sibèria, i la major part dels cims més alts de les serralades. Aproximadament, tres quartes parts de l'aigua dolça del món estan contingudes a la criosfera.

A la criosfera, hi ha la neu i el gel com a elements principals, però també gel marí, icebergs, plaques de gel, glaceres, blocs de gel i sòls de permagel:

Figura 5.7.
Icebergs [40]

Figura 5.8.
Glaceres [41]

Figura 5.7.
Icebergs [40]

Figura 5.8.
Glaceres [41]

- El *gel marí* es forma quan l'aigua dels oceans es refreda a temperatures sota cero. La majoria es troba a l'Àrtic i a l'Antàrtida. Es caracteritza perquè no augmenta el nivell del mar quan es desfà, atès que ja en forma part. És el refugi de la fauna polar i acompleix un paper clau en el clima mundial.

- Les *glaceres* cobreixen el 10 % de la Terra i emmagatzemen el 75 % de l'aigua potable del món.

- Els *icebergs* que es formen pel trencament de les masses de gel que s'estenen sobre el mar no augmenten de nivell quan es desfan, sinó només en el moment inicial en què deixen la Terra i es precipiten a l'aigua. L'any 2002, la immensa massa antàrtica denominada *Larsen B* es va desintegrar en tan sols uns pocs mesos i va enviar centenars d'icebergs a l'oceà.

- El sòl congelat és terra o roca en què l'aigua està congelada. N'hi ha principalment als pols i emmagatzema grans quantitats de gasos, com diòxid de carboni o metà, que s'alliberen quan es fon.

Algunes parts de la criosfera, com la neu i el gel en els llacs d'altitud mitjana, només hi són els mesos d'hivern. Altres parts de la criosfera, com les glaceres i els cascs de gel, es manifesten congelats durant tot l'any i, de fet, es poden trobar així durant centenars o milers d'anys. Aquest és el cas d'algunes de les plaques de gel que cobreixen la majoria del continent de l'Antàrtida, que han estat així durant milions d'anys.

Dels components de la criosfera, el gel marí i les masses de gel que s'estenen sobre el mar no poden alterar el nivell mitjà del mar, perquè s'originen allà. En canvi, les glaceres sí que hi poden contribuir d'una manera significativa. Aquestes, junt amb l'expansió termal oceànica, són les responsables de la pujada del nivell del mar derivada del canvi climàtic. En el període 1961-2003, l'expansió termal oceànica hi va contribuir en 0,42 mm/any, mentre que el desglaçament glacial va comportar un augment de 0,69 mm/any.

El volum de gel més important es troba a l'Antàrtida i a Groenlàndia. Si es fonguessin completament, el nivell del mar augmentaria més de 70 m.

Figura 5.9.
Vol sobre Groenlàndia
[42]

THE CRYOSPHERE

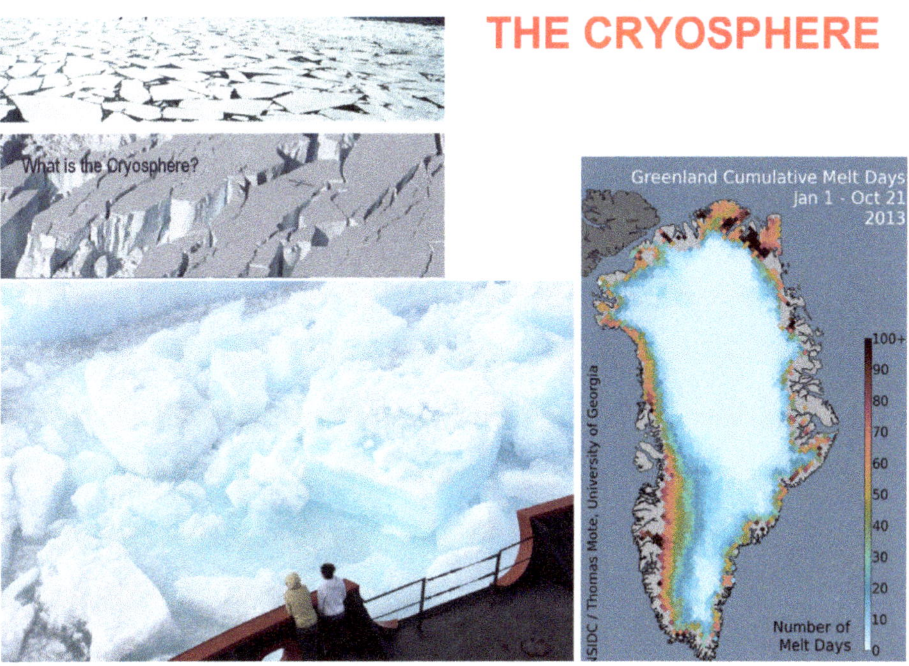

Figura 5.10.
La criosfera. Mapa
amb una escala que
diferencia els dies de
fusió dels gels a
Groenlàndia [43]

La criosfera està vinculada a d'altres aspectes del sistema de la Terra:

– La temperatura de l'atmosfera se'n veu afectada, perquè la neu i el gel són de color clar i, per tant, reflecteixen més quantitat d'energia solar de tornada a l'espai. Quan la neu es desfà i el color fosc del terra queda exposat, la superfície de la Terra absorbeix més quantitat d'energia, la qual, després és irradiada cap a l'atmosfera i, d'aquesta manera, fa que l'atmosfera estigui més calenta.

– Quan el gel i la neu de la criosfera es fonen, l'aigua passa a ser part de la hidrosfera. El desglaçament es pot produir per estacions, agregant més quantitat d'aigua durant els mesos d'estiu. Per exemple, a l'Estat de Washington, a l'oest dels Estats Units, el desglaç de la neu i de les glaceres durant els mesos d'estiu genera 470.000 milions de litres d'aigua. A causa de l'escalfament global, la quantitat de neu i gel que es desfà cada estiu està augmentant.

– Gran quantitat de diferents organismes que es troben a la biosfera compten amb parts de la criosfera per obtenir d'aigua i per al seu habitat. Per exemple, els ossos polars caminen al llarg del gel marí de l'Àrtic en busca de foques. El bacallà de l'Àrtic cerca refugi en àrees sota el gel i els pingüins compten amb el gel durant l'època de cria. La neu i el gel que es fonen durant les estacions subministren aigua fresca a moltes plantes i animals que la necessiten per poder sobreviure.

– El moviment de les glaceres i de les plaques de gel erosiona les roques de la geosfera contingudes en alguns llocs i dipòsits, que erosionen sediment en altres parts, i d'aquesta manera conformen la superfície de la Terra.

Figura 5.11. Desglaç de gel calculat per observacions de satèl·lits l'any 2012, comparat amb el gel de fa trenta anys (marcat en groc) [37]

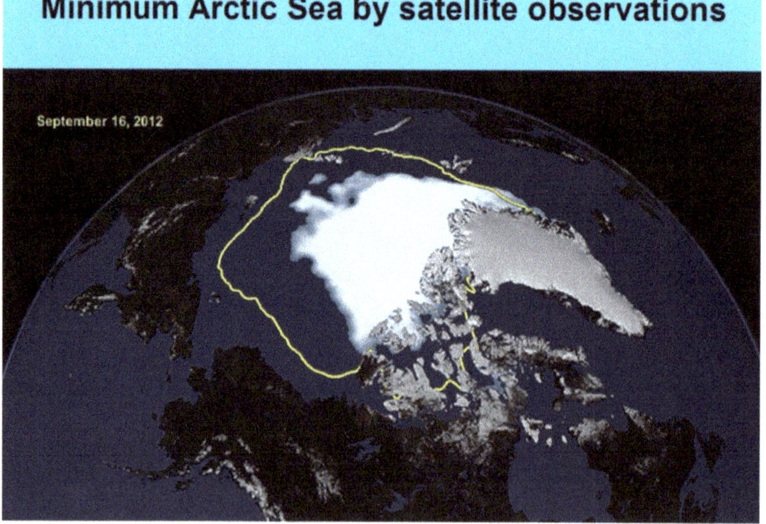

5.2. El *CryoSat*

El *CryoSat* és un satèl·lit de l'Agència Europea de l'Espai (ESA) que s'encarrega de l'estudi del gel. Es dedica al monitoratge precís dels canvis en la profunditat del gel marí que flota en els oceans polars i també de les variacions en el gel de Groenlàndia i de l'Antàrtida.

Figura 5.12.
Aspecte del satèl·lit
CryoSat [44]

Davant dels efectes cada vegada més evidents del canvi climàtic, sobretot a les regions polars, aquest satèl·lit és cada vegada més important per entendre exactament com les regions glaçades de la Terra hi estan responent.

5.2.1 El *CryoSat-2*

El *CryoSat-2* és un satèl·lit de l'ESA equipat amb tecnologia radar, dissenyat per estudiar les regions glaçades de la Terra, les variacions en la superfície, el gruix del gel, la seva massa i com varia amb el temps. Fou llançat el 25 de febrer de 2010.

El satèl·lit transporta un sofisticat altímetre d'interferometria radar SAR (SIRAL), que pot mesurar el gruix del gel marí amb una precisió d'uns pocs centímetres i monitoritzar canvis en el gruix de les grans capes de gel que cobreixen Groenlàndia i l'Antàrtida, i també analitzar-ne els contorns de gel, que és on es desprenen els icebergs. L'instrument SIRAL envia milers de polsos radar cap a la superfície de la Terra cada segon i mesura amb precisió el temps que triga a rebre els ecos.

Les noves masses d'elevació obtingudes per SIRAL sobre Groenlàndia i l'Antàrtida són fotografies de l'estat actual de les capes de gel. Poden servir per comprendre com contribueixen a l'augment del nivell del mar.

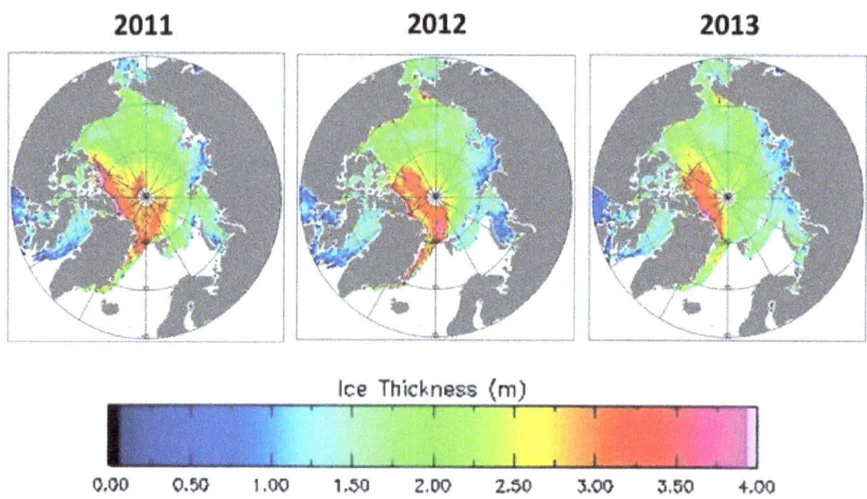

La imatge representa els canvis registrats en el gruix de la capa de gel durant el període de març-abril dels anys 2011, 2012 i 2013, mesurats per CryoSat. Es pot apreciar que les zones de color vermell i fúcsia (les que tenen més gruix de gel) es van reduint, la qual cosa significa que el gel es va aprimant.

5.3. L'*ICESat*

L'*ICESat* (Ice, Cloud and land Elevation Satellite) va ser el punt de referència de la missió del Sistema d'Observació de la Terra per mesurar el gruix de la capa de gel, els núvols i les alçades dels aerosols, com també les característiques de la topografia de la Terra i la vegetació.

Entre 2003 i 2009, la missió *ICESat* va proporcionar dades d'elevació plurianuals necessàries per determinar el balanç de massa de les capes de gel, així com informació sobre la propietat dels núvols, especialment dels núvols estratosfèrics comuns a les zones polars. També va proporcionar dades de la topografia i la vegetació arreu del món, juntament amb la cobertura polar específica sobre Groenlàndia i les capes de gel de l'Antàrtida.

ICESat laser altimeter

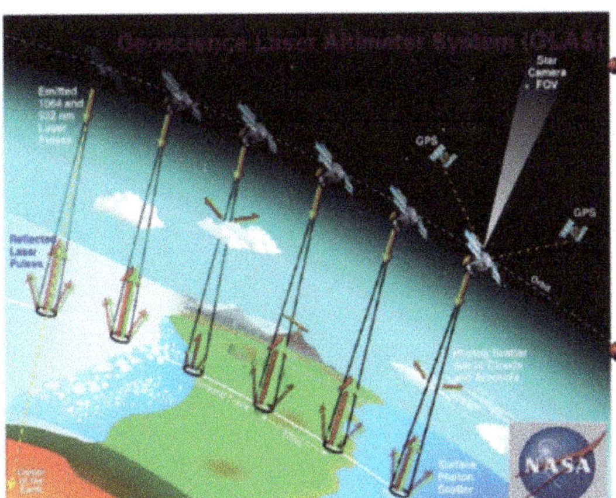

- Surface elevations along a ground track determined from laser time of flight, combined with precise orbit and pointing information
- Laser-beam pointing determined from star-trackers and internal angle system
- GLAS has 3 lasers

Figura 5.15. Característiques del làser d'altimetria de l'ICESat i esquema de l'obtenció de les dades. [37]

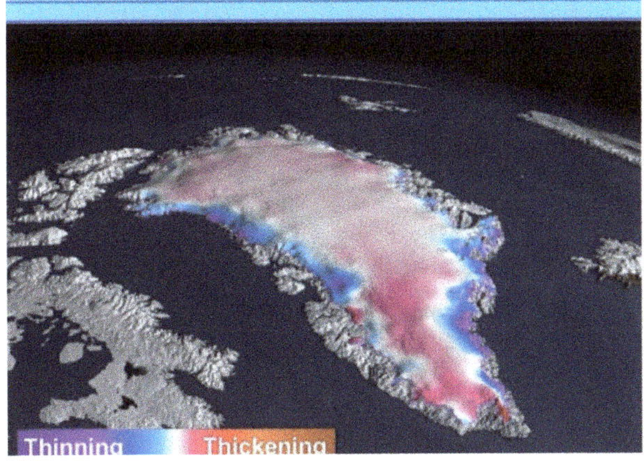

Figura 5.16. Canvis calculats per l'ICESat sobre el gruix del gel a Groenlàndia. Les zones més blaves o liles són les que s'han anat reduint de volum, mentre que les zones més vermelles o taronges són les que han anat augmentant de volum [45]

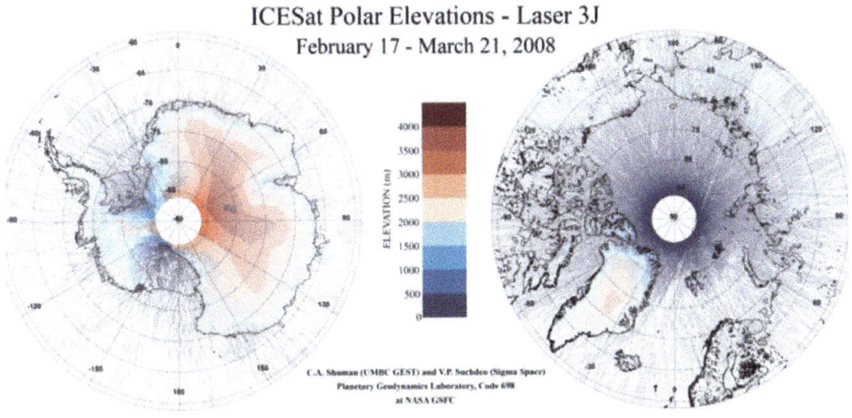

ICESat Polar Elevations - Laser 3J
February 17 - March 21, 2008

Figura 5.17. En aquesta imatge, s'observen els diferents gruixos del gel també a l'Antàrtic [46]

5.3.1. L'*ICESat-2*

L'*ICESat-2* és una continuació prevista de la missió *ICESat*. El satèl·lit es llançarà l'any 2017 des de la Vandenberg Air Force Base a Califòrnia, en una òrbita gairebé circular i quasi polar, amb una altitud aproximada de 496 km. S'ha dissenyat perquè estigui operativa durant tres anys tindrà combustible per a una autonomia de set anys.

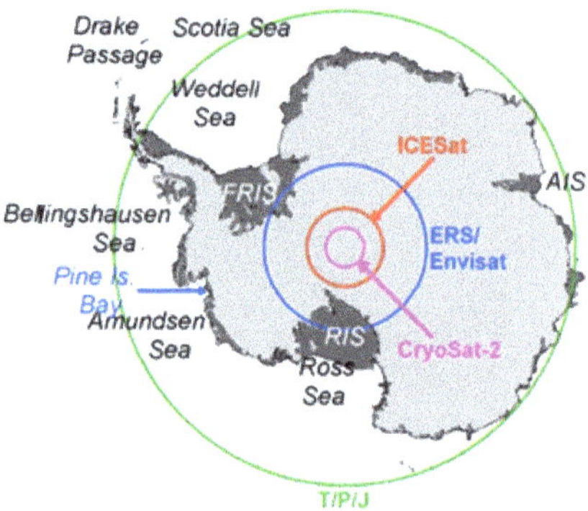

Figura 5.18. Simulació de l'*ICESat-2* i la Terra [47]

Figura 5.19. En aquesta imatge, s'aprecia la cobertura de cada un dels satèl·lits comentat anteriorment, per a la regió de l'Antàrtida. *CryoSat-2* preveu una cobertura més gran respecte dels seus predecessors [48]

5.4. L'ajustament postglacial (*post-glacial rebound*)

És l'efecte que produeix la Terra sobre les glaceres, i a l'inrevés. Aquest efecte consisteix en la pressió que exerceixen les glaceres sobre la Terra durant les glaciacions. Quan finalitza el període de glaciació, les glaceres es desfan i la capa terrestre es torna a elevar de la pressió a la qual havia estat sotmesa, però necessita milers d'anys fins que assoleix novament l'equilibri hidrostàtic. L'efecte d'aquest desglaç és la modificació de l'altura del nivell del mar.

Figura 5.20. Esquema de la glaciació i del desglaç, i el moviment de terres en cada cas [49]

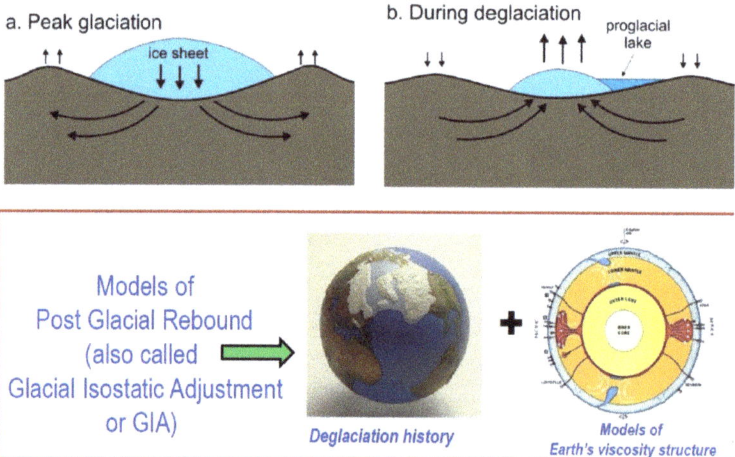

Models de geopotencial

S'anomena *model de geopotencial* qualsevol conjunt de valors numèrics dels coeficients harmònics que apareixen en el desenvolupament de W, de fet de V.

La resolució teòrica d'un model depèn del seu grau. Així, per a n = 360, és de 0,5° i 55 km). Això significa que el model és capaç de representar característiques del camp de gravetat amb longituds d'ona superiors als 55 km, però no pot representar longituds d'ona inferiors. En teoria, com més alt sigui el grau, més precís serà el resultat.

Satèl·lits geodèsics i les seves aplicacions				
Tecnologia **Altura d'òrbita**	**Tipus**	**Agencia**	**Data**	**Aplicacions**
Global Navigation Satellite Systems (GNSS)				
GPS 26.600 km	Global Positioning System	DoD	1980-present	
GLONASS 19.100 km	GLObal NAvigatsionnaya Sputnikovaya Sistema	URSS/Rússia	1982-present	Posicionament precís, cobertura terrestre, hidrologia, glaciologia, atmosfera, ionosfera i riscos naturals
Galileu 27.300 km	Global Navigation Satellite System	ESA	En proves	
Beidou-2 or COMPASS 36.000, 21.500 km	Regional/Global Navigation Satellite System	Xina	2007-present	

Satèl·lits geodèsics i les seves aplicacions				
Tecnologia **Altura d'òrbita**	**Tipus**	**Agencia**	**Data**	**Aplicacions**
Altimetria satelital				
SeaSAT 800 km	Radar	NASA	1978	Oceanografia, canvis en el nivell del mar, hidrologia, glaciologia i batimetria marina
GeoSAT 800 km	Radar	DoD	1985-1989	
TOPEX/Poseidon 1330 km	Radar	NASA/CNES	1992-2006	
Jason-1/2 1330 km	Radar	NASA/CNES	2001-present	
ERS-1/2 780 km	Radar	ESA	1992-present	
ENVISAT 780 km	Radar	ESA	2002-present	
ICESAT 600 km	Laser	NASA	2003-2010	Glaciologia, hidrologia i oceanografia
CryoSAT-2 720 km	SAR/interferomètric radar	ESA	2010-present	
Interferometria radar d'apertura sintètica (InSAR)				
ERS-1 780 km	banda C, polarització VV	ESA	1992-1996	Cobertura terrestre, hidrologia, glaciologia, oceanografia, geotècnia i riscos naturals
ERS-2 780 km	banda C, polarització VV	ESA	1996-present	
JERS-1 570 km	banda L, polarització HH	JAXA	1992-1998	
RADASAT-1 800 km	banda C, polarització HH	CSA	1995-present	
SRTM 733 km	banda C, interferòmetre fix HH, HV, VH, VV	NASA	2000	
ENVISAT 780 km	banda C, VV+VH, HH+HV	ESA	2002-present	
ALOS 690 km	banda L, quad-polarització	JAXA	2006-present	
RADARSAT-2 800 km	banda C, quad-polarització	CSA	2007-present	
TerraSAR-X 514 km	banda X, quad-polarització	DLR	2007-present	
COSMO-SkyMed 619 km	banda X, quad-polarització	ASI	2007-present	

Satèl·lits geodèsics i les seves aplicacions				
Tecnologia **Altura d'òrbita**	**Tipus**	**Agencia**	**Data**	**Aplicacions**
Missions geodèsiques				
Starlette/Stelle 812 km	satèl·lit laser	CNES	1975/1993-present	
LAGEOS-1/2 5670 km	LAser GEOdynamics Satellites	NASA	1976-present	
Etalon-1/2 19.100 km	satèl·lits laser	Rússia	1989-present	
CHAMP 350 km	CHAllenging Minisatellite Payload	DLR	2000-present	
GRACE 460 km	The Gravity Recovery and Climatic Experiment	NASA/DLR	2002-present	
GOCE 250 km	Gravity field and steady-state Ocean Circulation Explorer	ESA	Llançat 2009	

6.1. L'ICGEM

L'International Centre for Global Earth Models[1] és un recurs *online* que ofereix tota la informació necessària relacionada amb els models dels geoides.

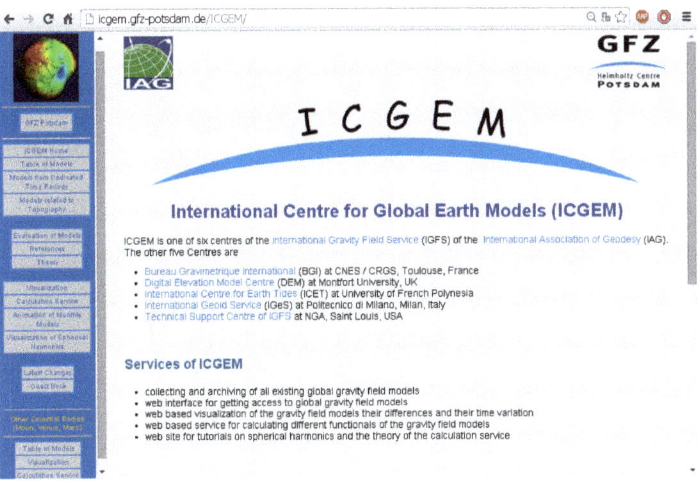

Figura 6.2. Pàgina d'inici de l'ICGEM [50]

A la part esquerra de la pàgina inicial, apareix un menú amb totes les opcions disponibles, com ara *Table of Models*, on es visualitzen els últims models que han

---

[1] Pàgina web: <http://icgem.gfz-potsdam.de/ICGEM/>

aparegut. A l'apartat *Visualization*, es pot crear un geoide segons el model que es vulgui, amb la malla i una sèrie de característiques. També hi ha l'eina *Calculation Service*, des d'on es pot baixar informació sobre les altures de diferents punts del geoide en una regió concreta que delimitem (latitud i longitud), com s'explica a continuació.

Nr ▲	Model ↕	Year ↕	Degree ↕	Data ↕	Reference ↕	download	calculate	show	doi
151	GGM05G	2015	240	S(Grace,Goce)	Bettadpur et al, 2015	gfc zip	calculate	show	
150	GOCO05s	2015	280	S(see model)	Mayer-Gürr, et al. 2015	gfc zip	calculate	show	
149	GO_CONS_GCF_2_SPW_R4	2014	280	S(Goce)	Gatti et al, 2014	gfc zip	calculate	show	
148	EIGEN-6C4	2014	2190	S(Goce,Grace,Lageos),G,A	Förste et al, 2014	gfc zip	calculate	show	✓
147	ITSG-Grace2014s	2014	200	S(Grace)	Mayer-Gürr et al, 2014	gfc zip	calculate	show	
146	ITSG-Grace2014k	2014	200	S(Grace)	Mayer-Gürr et al, 2014	gfc zip	calculate	show	
145	GO_CONS_GCF_2_TIM_R5	2014	280	S(Goce)	Brockmann et al, 2014	gfc zip	calculate	show	
144	GO_CONS_GCF_2_DIR_R5	2014	300	S(Goce,Grace,Lageos)	Bruinsma et al, 2013	gfc zip	calculate	show	
143	JYY_GOCE04S	2014	230	S(Goce)	Yi et al, 2013	gfc zip	calculate	show	
142	GOGRA04S	2014	230	S(Goce,Grace)	Yi et al, 2013	gfc zip	calculate	show	
141	EIGEN-6S2	2014	260	S(Goce,Grace,Lageos)	Rudenko et al. 2014	gfc zip	calculate	show	
140	GGM05S	2014	180	S(Grace)	Tapley et al, 2013	gfc zip	calculate	show	
139	EIGEN-6C3stat	2014	1949	S(Goce,Grace,Lageos),G,A	Förste et al, 2012	gfc zip	calculate	show	
138	Tongji-GRACE01	2013	160	S(Grace)	Shen et al, 2013	gfc zip	calculate	show	
137	JYY_GOCE02S	2013	230	S(Goce)	Yi et al, 2013	gfc zip	calculate	show	
136	GOGRA02S	2013	230	S(Goce,Grace)	Yi et al, 2013	gfc zip	calculate	show	
135	ULux_CHAMP2013s	2013	120	S(Champ)	Weigelt et al, 2013	gfc zip	calculate	show	
134	ITG-Goce02	2013	240	S(Goce)	Schall et al, 2014	gfc zip	calculate	show	
133	GO_CONS_GCF_2_TIM_R4	2013	250	S(Goce)	Pail et al, 2011	gfc zip	calculate	show	
132	GO_CONS_GCF_2_DIR_R4	2013	260	S(Goce,Grace,Lageos)	Bruinsma et al, 2013	gfc zip	calculate	show	
131	EIGEN-6C2	2012	1949	S(Goce,Grace,Lageos),G,A	Förste et al, 2012	gfc zip	calculate	show	
130	DGM-1S	2012	250	S(Goce,Grace)	Farahani, et al. 2013	gfc zip	calculate	show	
129	GOCO03S	2012	250	S(Goce,Grace,...)	Mayer-Gürr, et al. 2012	gfc zip	calculate	show	
128	GO_CONS_GCF_2_DIR_R3	2011	240	S(Goce,Grace,Lageos)	Bruinsma et al, 2010	gfc zip	calculate	show	
127	GO_CONS_GCF_2_TIM_R3	2011	250	S(Goce)	Pail et al, 2011	gfc zip	calculate	show	
126	GIF48	2011	360	S(Grace),G,A	Ries et al, 2011	gfc zip	calculate	show	
125	EIGEN-6C	2011	1420	S(Goce,Grace,Lageos),G,A	Förste et al, 2011	gfc zip	calculate	show	
124	EIGEN-6S	2011	240	S(Goce,Grace,Lageos)	Förste et al, 2011	gfc zip	calculate	show	
123	GOCO02S	2011	250	S(Goce,Grace,...)	Goiginger et al, 2011	gfc zip	calculate	show	
122	AIUB-GRACE03S	2011	160	S(Grace)	Jäggi et al, 2011	gfc zip	calculate	show	
121	GO_CONS_GCF_2_DIR_R2	2011	240	S(Goce)	Bruinsma et al, 2010	gfc zip	calculate	show	
120	GO_CONS_GCF_2_TIM_R2	2011	250	S(Goce)	Pail et al, 2011	gfc zip	calculate	show	
119	GO_CONS_GCF_2_SPW_R2	2011	240	S(Goce)	Migliaccio et al, 2011	gfc zip	calculate	show	
118	GO_CONS_GCF_2_DIR_R1	2010	240	S(Goce)	Bruinsma et al, 2010	gfc zip	calculate	show	
117	GO_CONS_GCF_2_TIM_R1	2010	224	S(Goce)	Pail et al, 2010a	gfc zip	calculate	show	
116	GO_CONS_GCF_2_SPW_R1	2010	210	S(Goce)	Migliaccio et al, 2010	gfc zip	calculate	show	
115	GOCO01S	2010	224	S(Goce,Grace)	Pail et al, 2010b	gfc zip	calculate	show	
114	EIGEN-51C	2010	359	S(Grace,Champ),G,A	Bruinsma et al, 2010	gfc zip	calculate	show	
113	AIUB-CHAMP03S	2010	100	S(Champ)	Prange, 2011	gfc zip	calculate	show	
112	EIGEN-CHAMP05S	2010	150	S(Champ)	Flechtner et al, 2010	gfc zip	calculate	show	
111	ITG-Grace2010s	2010	180	S(Grace)	Mayer-Gürr et al, 2010	gfc zip	calculate	show	
110	AIUB-GRACE02S	2009	150	S(Grace)	Jäggi et al, 2009	gfc zip	calculate	show	
109	GGM03C	2009	360	S(Grace),G,A	Tapley et al, 2007	gfc zip	calculate	show	
108	GGM03S	2008	180	S(Grace)	Tapley et al, 2007	gfc zip	calculate	show	
107	AIUB-GRACE01S	2008	120	S(Grace)	Jäggi et al, 2008	gfc zip	calculate	show	
106	EIGEN-5S	2008	150	S(Grace,Lageos)	Förste et al, 2008	gfc zip	calculate	show	
105	EIGEN-5C	2008	360	S(Grace,Lageos),G,A	Förste et al, 2008	gfc zip	calculate	show	
104	EGM2008	2008	2190	S(Grace),G,A	Pavlis et al, 2008	gfc zip	calculate	show	
103	ITG-Grace03	2007	180	S(Grace)	Mayer-Gürr et al, 2007	gfc zip	calculate	show	
102	AIUB-CHAMP01S	2007	90	S(Champ)	Prange et al, 2009	gfc zip	calculate	show	
101	ITG-Grace02s	2006	170	S(Grace)	Mayer-Gürr et al, 2006	gfc zip	calculate	show	

Taula 6.3.
Taules extretes de l'ICGEM amb els models de geoide, l'any en què s'ha realitzat, el nombre de graus, els satèl·lits utilitzats i les referències corresponents [5].

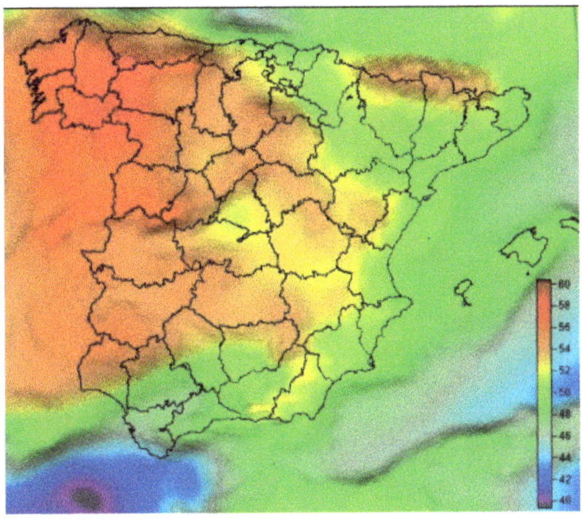

Figures 6.3.
Geoide EGM08, vista i
[20]

A continuació, s'explica el procés per generar un model de geoide d'acord amb les característiques que es vulguin.

Al menú inicial, s'ha de fer clic sobre el recurs *Calculation Service* i apareix una taula com la de la imatge:

A: sistema de referència

B: model que es vol generar

C: geoide (és el model que es vol generar en aquest cas)

D: pas de malla

E: coordenades geodèsiques UTM

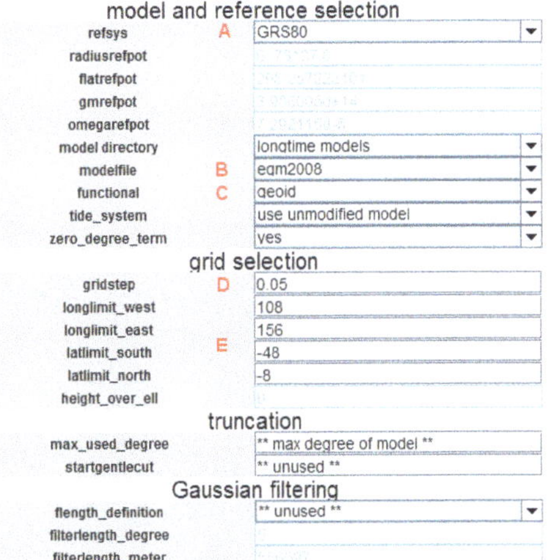

Figura 6.4.
Exemple de càlcul d'un geoide a partir del *Calculation Service* i les dades que s'hi han d'introduir [50]

Les coordenades geodèsiques UTM són les que delimiten la regió d'on volem obtenir informació. Si fem algunes proves amb diferents geoides, podem apreciar que els geoides més nous són també els més precisos.

A continuació, s'ha de clicar *Start Computation* i, quan s'ha generat, prémer *PS-file* i *Illumination*.

Es genera un fitxer PS, que s'ha de visualitzar amb algun programa. En aquest cas, GhostView, que es pot baixar gratuïtament des de la pàgina oficial. La imatge del geoide que se n'obté es pot guardar en diferents formats, entre ells en PDF.

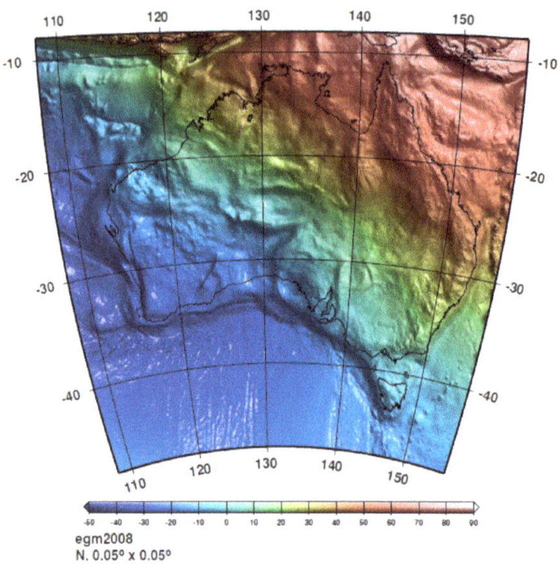

A l'apartat *Visualization of Spherical Harmonics*, es poden veure les formes del geoide segons els harmònics esfèrics. Els harmònics esfèrics són funcions harmòniques que representen les solucions de l'equació de Laplace en coordenades esfèriques. Es pot triar grau i ordre (l i m). L'ordre fa que les funcions harmòniques depenguin de la longitud.

Hi ha una secció destinada als altres cossos (la Lluna, Venus i Mart), en què es poden veure també les taules de models, l'apartat de *Visualization* i el *Calculation Service*.

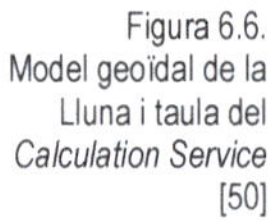

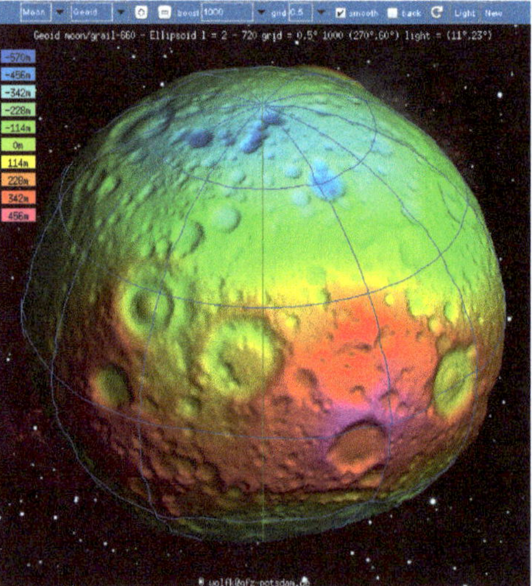

6.2. El·lipsoides de referència. Valors numèrics

L'el·lipsoide de referència i el seu camp de gravetat queden determinats completament per quatre constants, que defineixen les dimensions, l'orientació i el camp de gravetat d'un el·lipsoide de referència.

Els paràmetres de l'el·lipsoide de referència es determinen per mètodes clàssics terrestres i per mètodes espacials, tractant d'obtenir l'el·lipsoide (o el geoide) que s'aproximi millor a la Terra.

El GRS1980 (Geodetic Reference System 1980) va ser adoptat a la XVII Assemblea General de la Unió Internacional de Geodèsia i Geofísica (International Union ofGeodesy and Geophysics, IUGG) l'any 1979.

Definició dels paràmetres per al GRS 1980	
Paràmetre i valor	**Descripció**
$a = 6378137$ m	Semieix major de l'el·lipsoide
$GM = 3986005 \cdot 10^8 \ m^3 s^{-2}$	Constant gravitacional geocèntrica de la Terra (inclou l'atmòsfera)
$J_2 = 108263 \cdot 10^8$	Forma del factor dinamic de la Terra (excloent la deformació permanent per marees)
$\omega = 7292115 \cdot 10^{-11} \ rads^{-1}$	Velocitat angular de la Terra
Definició dels paràmetres per al WGS 84	
$a = 6378137$ m	Semieix major de l'el·lipsoide
$f = 1/298,257223563$	Aplanament de l'el·lipsoide
$GM = 3986004,418 \cdot 10^8 \ m^3 s^{-2}$	Constant gravitacional geocèntrica de la Terra (inclou l'atmòsfera)
$\omega = 7292115 \cdot 10^{-11} \ rads^{-1}$	Velocitat angular de la Terra

El WGS84 (World Geodetic System 1984) és un sistema de referència convencional terrestre (Conventional Terrestrial Reference System o CTRS). La definició dels sistemes de coordenades segueix els criteris del Servei Internacional de Rotació de la Terra (International Earth Rotation Service o IERS). L'origen del WGS84 serveix com a centre geomètric de l'el·lipsoide WGS84 i l'eix Z serveix com a eix rotacional d'aquest el·lipsoide de revolució. S'utilitza per al sistema de posicionament GPS des de l'any 1978.

És important tenir en compte la distinció entre "definició" i "realització". Quan s'utilitzen els termes *sistema de coordenades* o *sistema de referència*, això implica només la definició; quan s'utilitza el terme *marc de coordenades (coordinate frame)*, llavors la realització hi és implícita. Segons el Marc Internacional de Referència Terrestre (International Terrestrial Reference Frame, ITRF), es realitza amb llocs terrestres (*sites*), amb efectes temporals (plaques tectòniques).

	Sistemes geodèsics de referencia		
	GRS80	**WGS84**	
	Parametres de definició		
a	6378137 m	6378137 m	Semieix major
GM	$3.986005 \cdot 1014$ m^3/s^2	$3,986004418 \cdot 1014$ m^3/s^2	Constant de gravitació
J_2	$1.08263 \cdot 10^{-3}$		Factor de forma dinàmica
C_{20}		$-484.166774985 \cdot 10^{-6}$	Armonic normalitzat
Ω	$7.292115 \cdot 10^{-5}$ rad/s	$7.292115 \cdot 10^{-5}$ rad/s	Velocitat angular
	Constants geomètriques calculades		
α	1/298.25722210088 $=3.3528106811836 \cdot 10^{-3}$	1/298.257223563 $=3.352810664747481 \cdot 10^{-3}$	Aplanament
b	6356752.314140347 m	6356752.31424518 m	Semeix menor
e	0.08181919104283185	0.08181919084262149	Primera excentricitat
e^2	$6.6943800229034 \cdot 10^{-3}$	$6.6943799901413 \cdot 10^{-3}$	Quadratura
e'	0.0820944381	0.0820944379496	Segona excentricitat
e'^2	$6.7394967754816 \cdot 10^{-3}$	$6.7394967422764 \cdot 10^{-3}$	Quadratura
E	521854.0097	521854.00842339 m	Excentricitat lineal
C	6399593.625864032 m	6399593.62578493 m	Radi de curvatura polar
b/a	0.9966471893	0.996647189335	Raó d'eixos
R_1	6371008.7714 m	6371008.7714 m	Radi mig
R_2	6371007.1810 m	6371007.1809 m	Radi esfera igual area
R_3	6371000.7900 m	6371000.7900 m	Radi esfera igual volum
	Constants físiques calculades		
U_0	62636860.850 m^2/s^2	62636851.7146 m^2/s^2	Potencial sobre elipsoide
γ_e	9.78032677154 m/s^2	9.7803253359 m/s^2	Gravetat a l'equador
γ_D	9.8321863685 m/s^2	9.8321849378 m/s^2	Gravetat als pols
γ	9.797644656 m/ s^2	9.7976432222 m/s^2	Gravetat mitja
k	$1.931851353 \cdot 10^{-3}$	$1.93185265241 \cdot 10^{-3}$	Constant fórmula gravetat
m	0.00344978600308	0.00344978650684	paràmetre

International Earth Rotation Service (IERS). Creat per la Unió Internacional Astronòmica (International Astronomical Union o IAU) i per la Unió Internacional de Geodèsia i Geofísica (International Union of Geodesy and Geophysics o IUGG), és operatiu des de l'1 de gener de 1988. Emmagatzema, analitza i modela observacions d'una xarxa global d'estacions astronòmiques i geodèsiques. Les tècniques d'observació inclouen, entre d'altres, les següents: Very-Long Baseline Interferometry (VLBI), Lunar Laser Ranging (LLR), Global Positioning System (GPS), Satellite Laser Ranging (SLR), DORIS (Doppler Orbit determination and Radio positioning Integrated on Satellite).

Els diferents tipus d'observacions són avaluades i combinades per l'IERS. Els resultats inclouen les posicions (coordenades) de les radiofonts extra-galàctiques i les estacions sobre el terreny, els paràmetres d'orientació a la Terra (*Earth orientation parameters* o EOP) i d'altres informacions. Respecte als EOP, per exemple, la VLBI subministra informació sobre la precisió, la nutació, el moviment del pol i el temps universal UT1.

International Terrestrial Reference Frame (ITRF). L'ITRF és elaborat per l'IERS a través d'un conjunt global d'estacions. La precisió dels resultats depèn de la tècnica d'observació i és màxima per a les observacions VLBI, SLR i GPS. Té en compte diversos efectes variables en el temps, com ara els desplaçaments deguts a les marees de la terra sòlida i l'ajustament postglacial, entre d'altres. L'actual és l'ITRF2008 i el proper, l'ITRF2013.

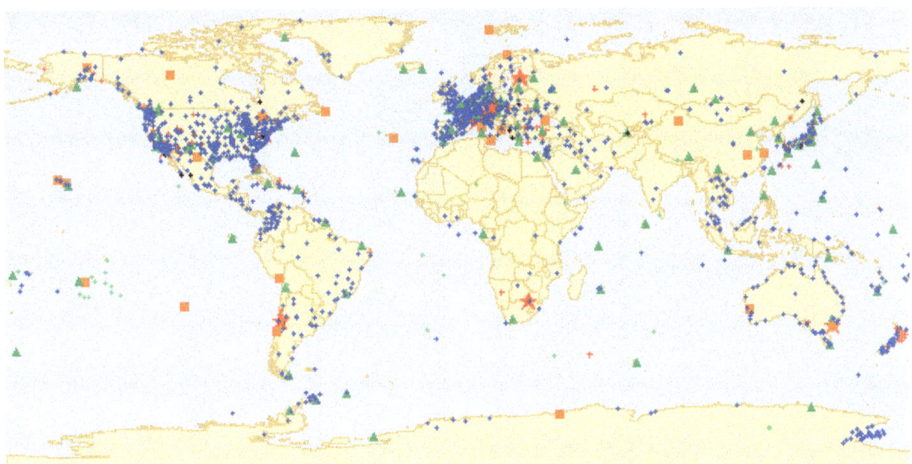

Figura 6.7.
Estacions
representades amb
simbologia puntual de
l'ITRF [51]

6.3. Camp gravitatori anòmal

La petita diferència entre el potencial W de la gravetat real i el potencial U de la gravetat normal es designa per T:

$$W(x,y,z) = U(x,y,z) + T(x,y,z)$$

i s'anomena potencial anòmal o potencial pertorbador (disturbing potential).

Comparem el geoide, $W(x,y,z) = W_0$

amb un el·lipsoide de referència, $U(x,y,z) = W_0$

del mateix potencial, $U_0 = W_0$.

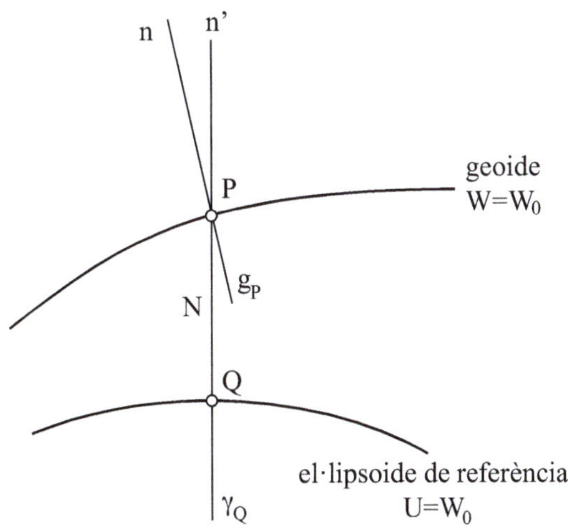

Figura 6.8.
Geoide i el·lipsoide de
referència.

Un punt P del geoide es projecta en el punt Q de l'el·lipsoide per mitjà de la normal el·lipsoïdal.

S'anomena *ondulació del geoide* (*geoidal undulation*) o *altitud del geoide* (*geoidal height*) i es designa per N la distància PQ entre el geoide i l'el·lipsoide segons la normal a aquest últim.

Considerem el vector gravetat $\overline{g}$ a P i el vector gravetat normal $\overline{\gamma}$ a Q. S'anomena *vector anomalia de la gravetat* el vector:

$$\Delta\overline{g} = \overline{g}_P - \overline{\gamma}_Q$$

Aquest vector es caracteritza per la seva magnitud i direcció. La diferència de magnitud s'anomena *anomalia de la gravetat* i es designa:

$$\Delta g = g_P - \gamma_Q$$

La diferència en la direcció entre els vectors $\overline{g}_P$ i $\overline{\gamma}_Q$ (angle entre aquestes direccions) s'anomena *desviació de la vertical* (*deflection of the vertical*).

$$\theta = ang(\overline{g}_P, \overline{\gamma}_Q)$$

Es té:

- Normal al geoide n, donada per la direcció de la plomada, amb coordenades astronòmiques ϕ i Λ.

- Normal a l'el·lipsoide n', amb coordenades geodèsiques φ i λ. És evident que λ no coincideix amb la longitud geocèntrica.

Les components de θ al meridià i al primer vertical són:

$$\xi = \phi - \varphi$$

$$\eta = (\Lambda - \lambda)cos\varphi$$

Figura 6.9.
Desviació de la
vertical.

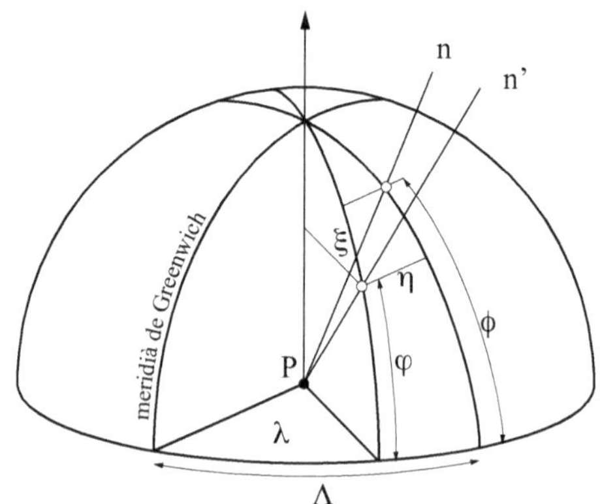

Comparant els vectors $\overline{g}$ i $\overline{\gamma}$ en el mateix punt, s'obté el vector pertorbació de la gravetat (*gravity disturbing vector*):

$$\delta\overline{g} = \overline{g}_P - \overline{\gamma}_P$$

La diferència en magnitud:

$$\delta g = g_P - \gamma_P$$

s'anomena *pertorbació de la gravetat.*

La diferència en direcció, desviació de la vertical, és la mateixa que abans perquè les direccions de γ_P i γ_Q pràcticament coincideixen.

La pertorbació de la gravetat és conceptualment més simple que l'anomalia de la gravetat, però en geodèsia terrestre no és tan important.

Actualment, observant l'estat present de la geodèsia física, amb GPS i altimetria per satèl·lit, es pot determinar la geometria de la Terra independentment del camp de gravetat, encara que aquest camp és necessari per calcular les òrbites dels satèl·lits. Com que el GPS permet determinar les altures el·lipsoïdals dels punts de la superfície terrestre, les anomalies de la gravetat Δg són substituïdes per les pertorbacions de la gravetat δg.

6.4. Equació fonamental de la geodèsia física

El potencial normal U al punt P es pot obtenir a partir del potencial en Q:

$$U_p = U_Q + \left(\frac{dU}{dn}\right)_Q n = U_Q - \gamma N \qquad\qquad W_p = U_p + T_p = U_Q - \gamma N + T_p$$

amb $Wp = U_Q = W_0$ $\qquad T = \gamma N$ (ometent el subíndex) $\qquad N = \dfrac{T}{\gamma}$

que és la fórmula de Bruns, la qual relaciona l'ondulació del geoide amb el potencial pertorbador.

Es té:

$$\overline{g} = grad\,W \; ; \qquad\qquad \overline{\gamma} = grad\,U$$

$$\delta\overline{g} = grad\left(W - U\right) = grad\,T \qquad\qquad grad\,T = \left(\frac{\partial T}{\partial x}, \frac{\partial T}{\partial y}, \frac{\partial T}{\partial z}\right)$$

Llavors,

$$\overline{g} = -\frac{\partial W}{\partial n} \; ; \qquad\qquad \gamma = -\frac{\partial U}{\partial n} \approx \frac{\partial U}{\partial n'}$$

Com que les direccions de les normals n i n' gairebé coincideixen:

$$\delta g = g_P - \gamma_P = -\left(\frac{\partial W}{\partial n} - \frac{\partial U}{\partial n'}\right) \approx -\left(\frac{\partial W}{\partial n} - \frac{\partial U}{\partial n}\right) = -\frac{\partial T}{\partial n}$$

$$\delta g = -\frac{\partial T}{\partial h}$$

atès que l'elevació h (altura) es mesura al llarg de la normal. S'observa que la pertorbació de la gravetat es també la component normal del vector pertorbació de la gravetat $\partial \overline{g}$.

D'altra banda, es compleix:

$$\gamma_P = \gamma_Q + \frac{\partial \gamma}{\partial h} N \qquad\qquad -\frac{\partial T}{\partial h} = \delta g = g_P - \gamma_P = g - \gamma - \frac{\partial \gamma}{\partial h} N$$

Es troben les relacions equivalents següents:

$$-\frac{\partial T}{\partial h} = \Delta g - \frac{\partial \gamma}{\partial h} N; \qquad \Delta g = -\frac{\partial T}{\partial h} + \frac{\partial \gamma}{\partial h} N; \qquad \Delta g = -\frac{\partial T}{\partial h} + \frac{1}{\gamma}\frac{\partial \gamma}{\partial h} T$$

$$\delta g = \Delta g - \frac{\partial \gamma}{\partial h} N ; \qquad\qquad \delta g = \Delta g - \frac{1}{\gamma}\frac{\partial \gamma}{\partial h} T$$

Una forma equivalent és: $\quad \dfrac{\partial T}{\partial h} - \dfrac{1}{\gamma}\dfrac{\partial \gamma}{\partial h} T + \Delta g = 0$

que s'anomena equació fonamental de la geodèsia física perquè relaciona la quantitat mesurada al potencial anòmal desconegut T (en realitat és una condició de contorn o *boundary condition*). En el futur, podria ser reemplaçada per la relació: $\dfrac{\partial T}{\partial h} + \delta g = 0$

6.5. Infraestructura geodèsica de precisió

La infraestructura geodèsica de precisió permet fer observacions terrestres i espacials que són essencials per a un ampli ventall de disciplines científiques, entre elles la sismologia, la geodinàmica, la ciència del clima, la hidrologia, la oceanografia i la meteorologia. Les observacions geodèsiques, per exemple, permeten mesurar i monitorar canvis graduals en el moviment de la tectònica de plaques, l'augment del nivell del mar i el desgel dels gels. Anàlogament, la infraestructura geodèsica subministra els fonaments de nombroses aplicacions amb un ampli impacte social i comercial, des de sistemes d'alarma primerenca (tsunamis) fins a sistemes de transport intel·ligent.

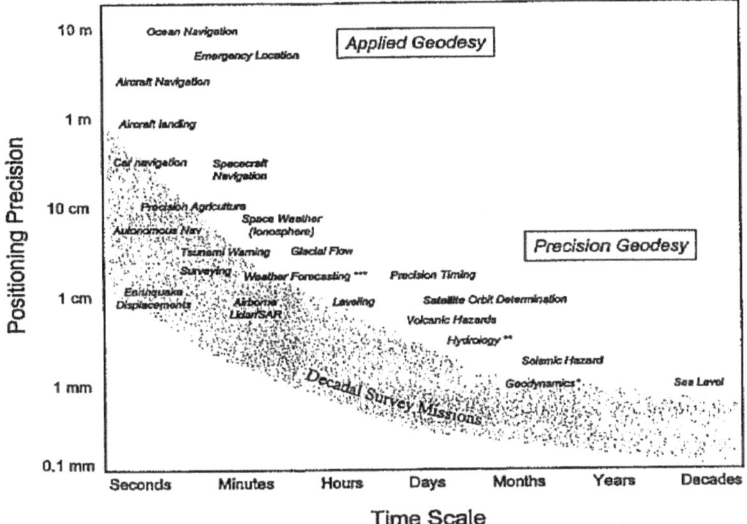

Figura 6.10. Precisió de les aplicacions geodèsiques actuals en funció dels intervals de temps requerits [7]

La consistència en la connexió en les escales temporals, de les més curtes a les més llargues, requereix un sistema de referència global terrestre, precís i estable.

Respecte a la figura:

* Moviment i deformació de plaques, transport de massa (*ice-sheet changes*).

** Moviment vertical de la superfície obtinguda per GNSS/GPS i InSAR per a la gestió de l'aigua del sòl (*ground water*); la redistribució de l'aigua és monitoritzada des de l'espai basant-se en mesures de gravetat.

*** Vapor d'aigua i altres informacions meteorològiques des d'estacions terrestres.

GNSS/GPS i radioocultacions en l'espai.

Els geodesistes utilitzen sovint la notació per indicar la precisió, això és, l'error en el mesurament de la distància entre dos punts dividint per la distància. Per exemple, si la distància entre dos punts es de 1.000 km (1 bilió de mil·límetres), pot ser mesurada amb la precisió d'1 d'1 mil·límetre, en la notació "parts per" la precisió és 1 part per bilió.

Distància	Precisió	
	1 par per milió	1 part per bilió
1 km	1 mm error	0,001 mm error
100 km	0,1 m error	0,1 mm error
1000 km	1 m error	1 mm error

6.6. Anivellació

a) Anivellació geomètrica

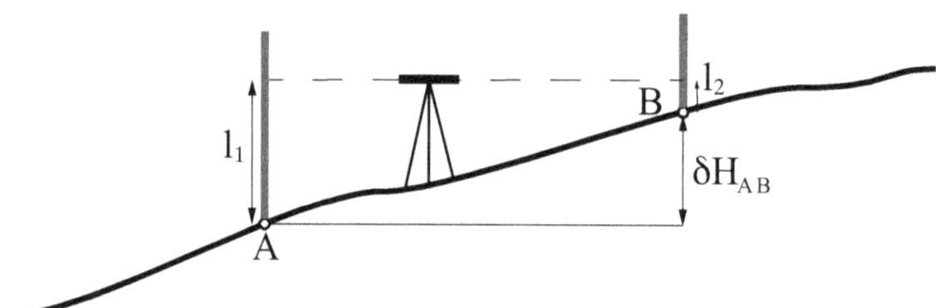

Figura 6.11.
Anivellació
geomètrica entre
dos punts A i B

Des de la línia AB és horitzontal: $\delta H_{AB} = L_1 - L_2$

Si els punts A i B estan suficientment espaiats, el procediment anterior s'ha d'aplicar de manera repetitiva. Llavors, la suma de la diferència de les altures anivellades entre A i B no serà igual a la diferència entre les altures ortomètriques H_A i H_B. La raó és que l'increment en el nivell δn és diferent de l'increment corresponent δH_B de HB pel fet que les superfícies de nivell no són paral·leles.

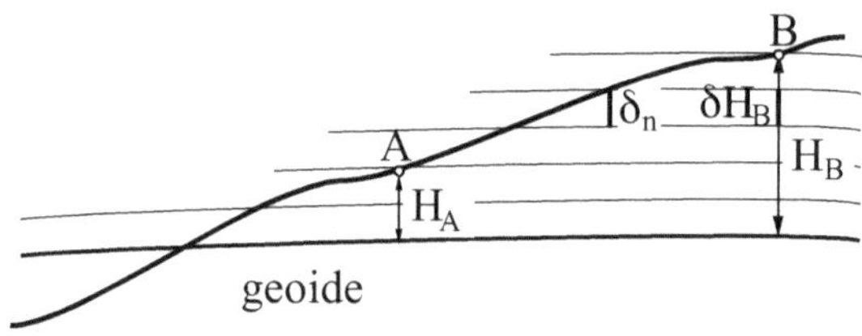

Figura 6.12.
Diferències
d'alçades respecte
el geoide.

Escrivint l'increment de potencial de W per δW, es té:

$$-\delta W = g \cdot \delta n = g' \cdot \delta H_B$$

on g és la gravetat a l'estació d'anivellació i g' és la gravetat segons la línia de la plomada de B a δH_B

$$\delta H_B = \frac{g}{g'} \cdot \delta n \neq \delta n$$

Després, no hi ha una relació geomètrica directa entre el resultat de l'anivellació i l'alçada ortomètrica, atès que la relació anterior expressa una relació física.

Si la gravetat g també es mesura, llavors:

$$\delta W = -g\,\delta n \quad \rightarrow \quad W_B - W_A = -\sum_A^B g\,\delta n \qquad \left(o\, W_B - W_A = -\int_A^B g\,\delta n\right)$$

- L'anivellació, combinada amb mesuraments de la gravetat, dóna diferències de potencial, és a dir, quantitats físiques.

— L'anivellació sense mesuraments de la gravetat encara s'aplica usualment a la pràctica, pel seu sentit donat un punt de vista rigorós.

b) Anivellació GPS

L'anivellació geomètrica consumeix molt de temps. El GPS representa una revolució.

La relació H = h - N, si h és mesurada per GPS i existeix un bon mapa digital del geoide, llavors H és determinat immediatament. Es verifica:

$$H_A = h_A - N_A; \qquad H_B = h_B - N_B$$

$$H_B - H_A = h_B - h_A - N_B + N_A$$

Introduint les notacions $\delta H_{AB} = H_B - H_A; \quad \delta h_{AB} = h_B - h_A; \quad \delta N_{AB} = N_B - N_A$

$$\rightarrow \delta H_{AB} = \delta h_{AB} - \delta N_{AB}$$

Amb l'anivellació GPS, δh_{AB} és obtingut i amb un geoide conegut (es coneix δN_{AB} i es calcula δH_{AB}). És un avantatge, doncs. Altrament, es necessita anivellació geomètrica amb mesuraments de la gravetat per determinar la diferència d'altures ortomètriques. S'observa que només la diferència d'ondulacions geoidals afecta el resultat.

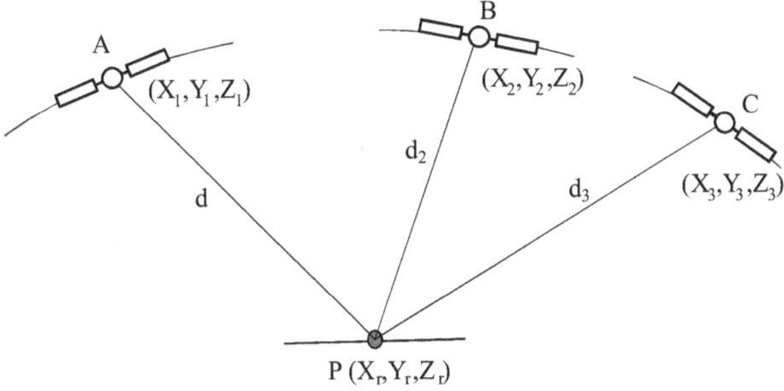

Figura 6.13.
Anivellació a partir dels satèl·lits d'un punt P desconegut

Missions espacials de gravetat

7.1. Determinació del camp gravitatori mitjançant satèl·lits

La determinació des de l'espai del camp de gravetat amb alta resolució requereix satèl·lits en òrbites baixes i sensors d'alta sensitivitat.

Seguiment satèl·lit a satèl·lit (*satellite-to-satellite tracking*, SST). Utilitza sistemes de microones (actualment, s'investiguen els mesuraments de distància per làser) per mesurar les distàncies (*range*) i les seves variacions (*range rates*) entre els satèl·lits. Els elements observables bàsics són les *range rates* i les seves variacions degudes a forces gravitacionals i a pertorbacions no gravitacionals. Se n'obtenen els paràmetres del camp gravitatori, els coeficients harmònics.

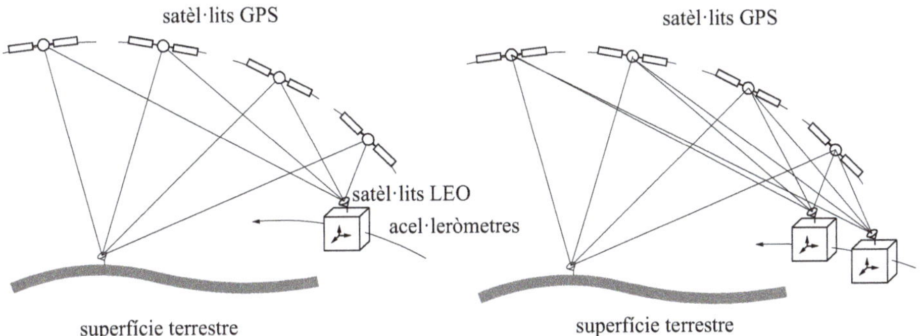

Figura 7.1.
SST en *high-low mode*
Ex.: Challenging Mini-Satellite Payload, missió GOCE

Figura 7.2.
SST en *low-low mode*
Ex.: Gravity Recovery and Climate Experiment, missió GRACE

Com que la Terra no és una esfera perfecta i està composta per diferents elements, alguns dels quals estan en moviment constant, el camp gravitatori va canviant contínuament *i* s'han de realitzar mesuraments per poder-lo quantificar.

Conèixer aquestes variacions té diverses aplicacions. Una de les més destacades és el monitoratge dels gels dels pols i dels de les muntanyes, les variacions dels quals són alguns dels principals indicadors del canvi climàtic global. El coneixement precís del camp gravitatori també permet analitzar els corrents marins, tan importants per a l'anàlisi del clima, ja que transporten la calor de les zones equatorials a les polars.

Aquestes eines ajuden a estudiar el camp gravitatori global de la Terra, proporcionant als geodesistes una cobertura global i homogènia dels mesuraments gravitacionals.

Als subapartats següents s'expliquen els principals satèl·lits que s'encarreguen d'aportar aquestes dades necessàries per al seu estudi posterior.

7.2. El GRACE (Gravity Recovery and Climate Experiment)

El GRACE (*Gravity Recovery and Climate Experiment*) és un projecte americà (NASA) i alemany (DLR), llançat el 17 de març de 2002, que ha estat tot un èxit pel que fa a les missions espacials. En aquesta missió, la distància entre dos satèl·lits es mesura mitjançant un sistema per microones. Es fan estimacions temporals del camp gravitatori terrestre a partir de canvis en aquesta distància.

Les dues plataformes es troben a la mateixa òrbita, a 220 kilòmetres de distància una de l'altra. Les variacions en el camp gravitatori provoquen canvis en la distància entre satèl·lits. Un instrument de microones mesura amb molta més precisió la distància entre aquests satèl·lits i, a partir d'aquí, és possible determinar les fluctuacions en el camp gravitatori i, per tant, la densitat de la Terra a la superfície.

Els objectius principals de la missió GRACE són:

- Determinar el camp gravitatori global de la Terra en alta resolució.

- Determinar les variacions temporals del camp gravitatori.

Els paràmetres de la missió dels dos satèl·lits GRACE són:

- Òrbita quasi circular i quasi polar (i $\approx$ 89°)

- Llançament: 17 de març de 2002

- h $\approx$ de 485 a 500 km

- Separació entre els dos satèl·lits $\approx$ 220 km

Missió de seguiment del GRACE

La missió de seguiment del GRACE és prevista per al 2017 i completarà els mesuraments per microones del GRACE amb un nou sistema làser. Amb una longitud d'ona més petita, millorarà la precisió dels mesuraments fins a nivells nanomètrics.

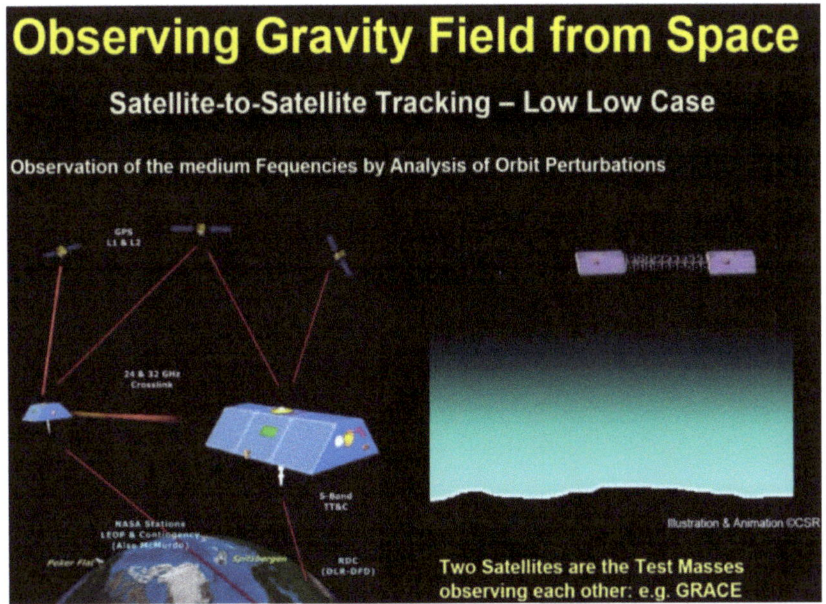

Figura 7.3. Esquema del seguiment del GRACE i el GRACE a l'espai [53]

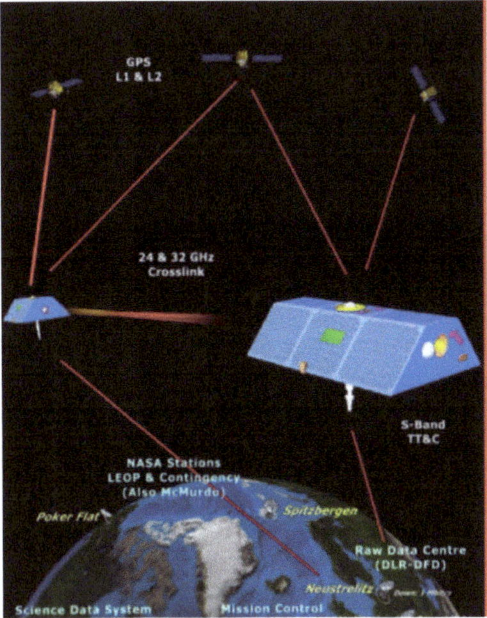

Figura 7.4. Característiques dels dos satèl·lits de la missió GRACE [53]

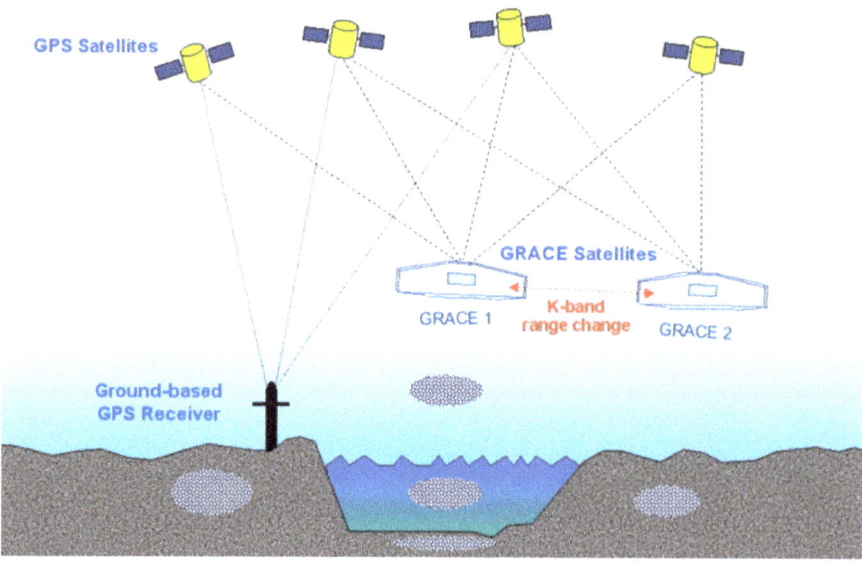

GRACE MISSION CONCEPT

The Two Co-orbiting Satellites Are The Instrument

- Variations in gravity field perturb satellite orbits
- Orbits of two satellites are perturbed differently
- Thus gravity field variations lead to inter-satellite range variations
- Relative range change measured using high-accuracy microwave link
- GPS receiver needed for geolocation of measurements
- Accelerometer needed for removal of non-gravitational effects

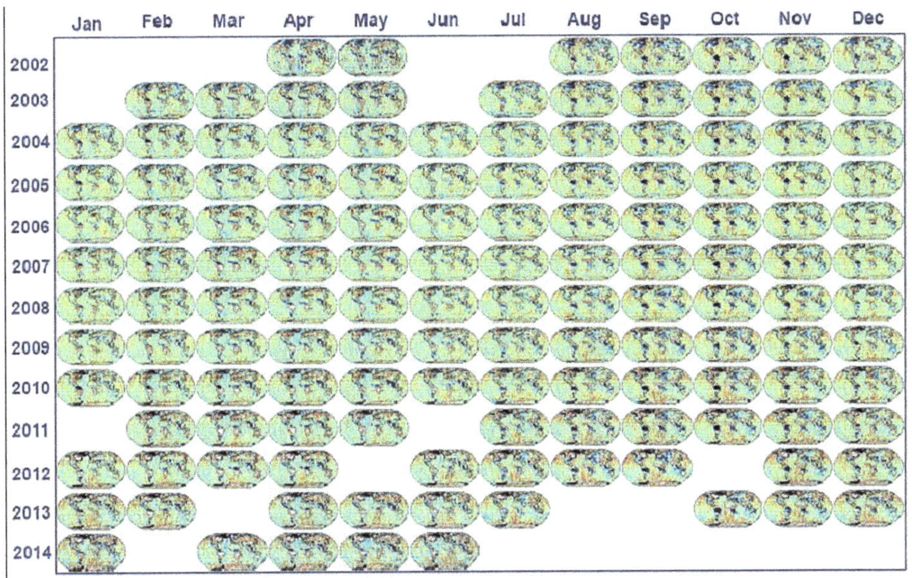

Figura 7.7.
Mapes de gravetat durant uns quants anys: com més anys, més precisió [54]

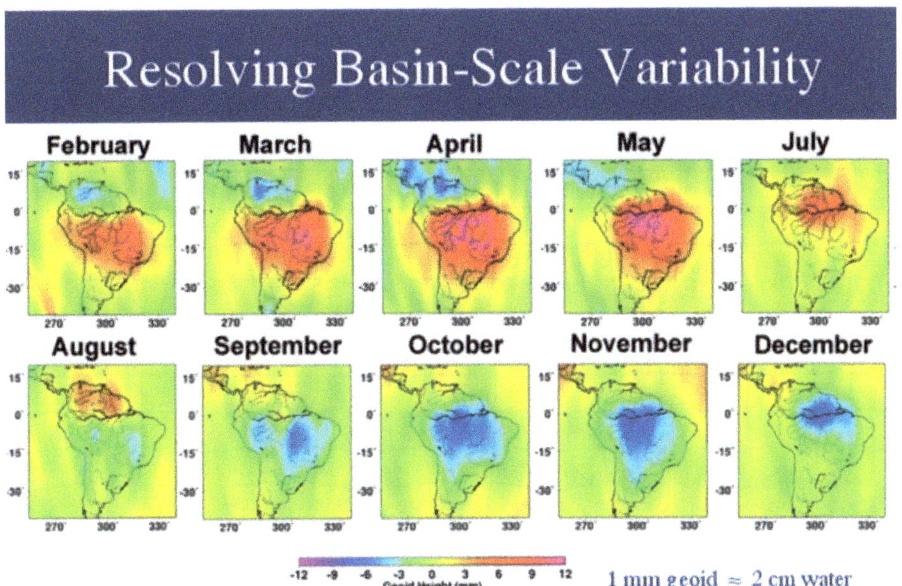

Figura 7.8.
Una altra aplicació possible de la missió GRACE és l'estudi de la hidrologia, en aquest cas a l'Amèrica del Sud [54]

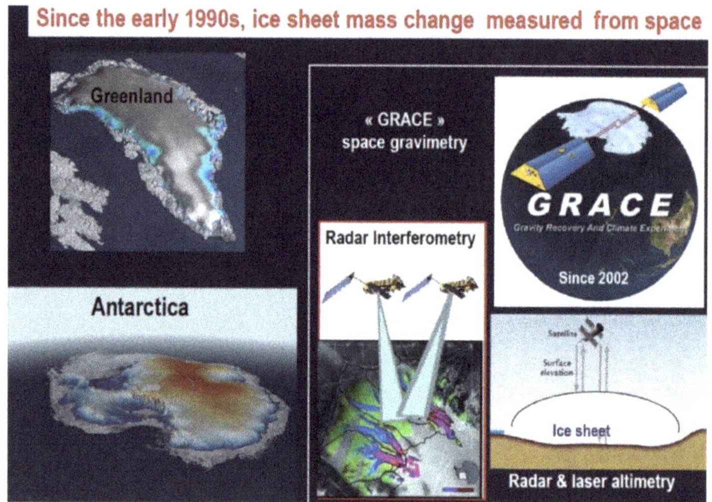

Figura 7.9.
Missió GRACE per mesurar els canvis en la massa dels gels [54]

7.3. El GOCE (gravity Field and Steady-State Ocean Circulation Explorer)

Llançat l'any 2009, el GOCE és el satèl·lit que ha orbitat més a prop de la Terra i ha permès cartografiar les variacions en el camp gravitatori terrestre amb una precisió sense precedents durant quatre anys, aportant informació valuosa per conèixer la circulació oceànica, l'evolució del nivell del mar o diferents capes del nostre planeta.

Tot i que la missió es va completar l'abril de 2011, el consum de combustible va ser molt inferior del que s'havia previst, perquè la baixa activitat del Sol va permetre a l'ESA allargar la vida del satèl·lit. L'agost de 2012, l'equip de control va començar a fer descendir el satèl·lit (de 255 km a 224 km), la qual cosa va permetre fer mesuraments encara més precisos.

Figura 7.10.
Esquema del satèl·lit GOCE i la constel·lació de GPS. [55]

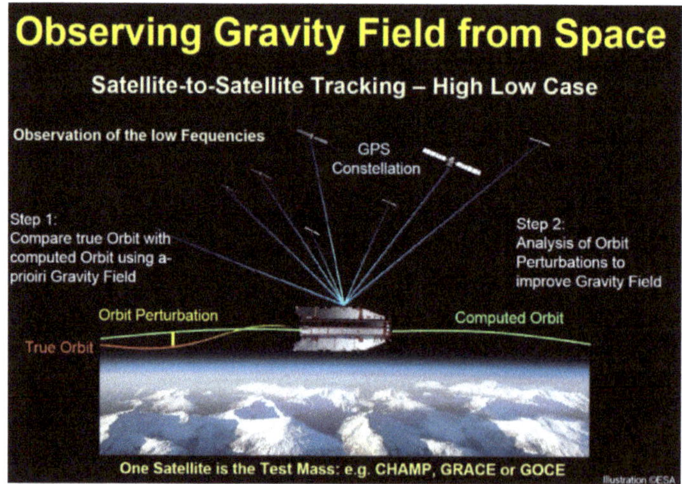

Figura 7.11.
Geoides amb la informació recollida de cada satèl·lit i estructura interna del GOCE [55]

Els objectius principals de la missió GOCE van ser:

- Determinar el camp gravitatori estacionari de la Terra.

- Modelar el geoide amb molta precisió.

Més específicament:

- Determinar les anomalies de la gravetat amb una precisió d'1 mgal.

- Determinar el geoide amb una precisió d'1-2 cm.

- Obtenir els resultats amb una resolució espacial d'uns 100 km.

- Llançament: 17 de març de 2009

- Òrbita heliosíncrona: $h \approx 250$ km

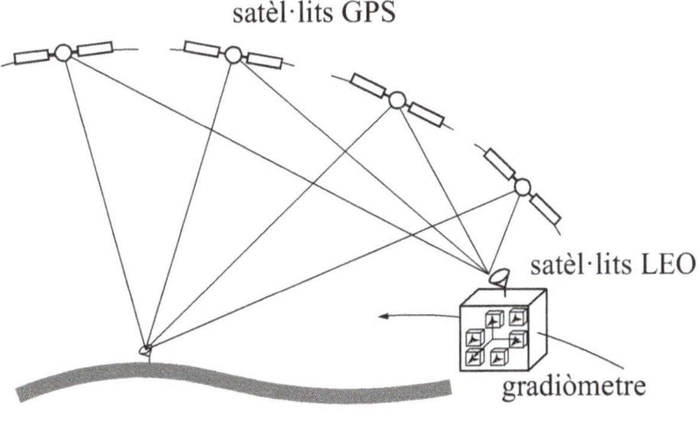

Figura 7.12.
Gradiometria per satèl·lit (ex: Gravity Field and Steady State Ocean Circulation Explorer; missió GOCE) [2]

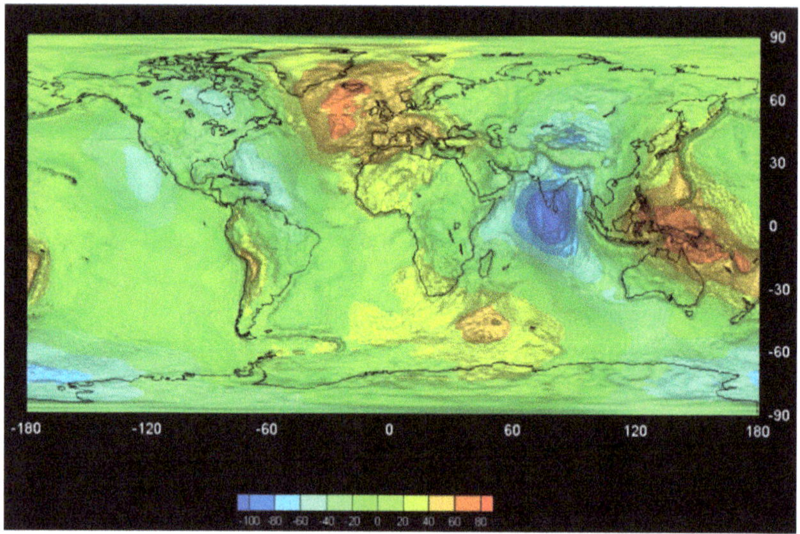

Figura 7.13. Geoide global basat en els dos primers mesos de la missió GOCE. ESA Living Planet, Bergen, Noruega, 2010 [55]

L'objectiu de la missió era estimar el potencial gravitacional terrestre en termes d'una sèrie (truncada) de coeficients harmònics esfèrics. El GOCE pot proporcionar informació sobre el camp global gravitatori amb una resolució espacial d'uns 100 km. Entre 100 i 600 km, el model GOCE és millor que el EGM2008.

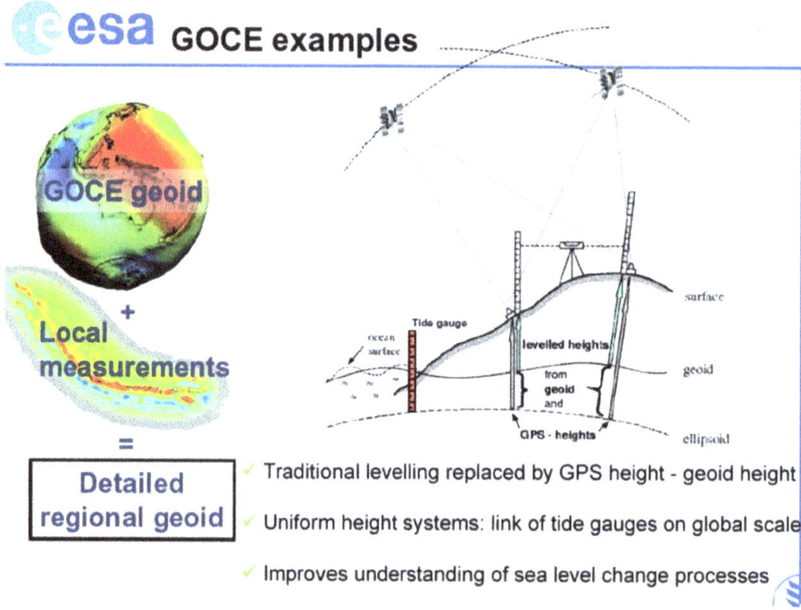

Figura 7.14. Esquema de la precisió per formar el geoide a partir de les dades del GOCE i mesuraments locals [55]

Figura 7.15. L'11 de novembre de 2013, el GOCE va entrar novament a l'atmosfera i va acabar així la seva missió [55]

7.4. GRAIL(Gravity Recovery and Interior Laboratory)

Aquesta missió espacial va consistir en dues naus aeroespacials situades a la mateixa òrbita al voltant de la Lluna. El llançament va ser el dia 10 de setembre de 2011, a les 9:08:52 a.m. EDT des de Cap Canaveral, Florida. El dia 31 de desembre de 2011, es va posar en òrbita la nau aeroespacial GRAIL-A i el dia 1 de gener de 2012, la nau aeroespacial GRAIL-B, amb una diferència de 25 hores entre elles.

Figura 7.16. Campanya de la missió GRAIL i simulació de la posició dels satèl·lits a l'espai [56]

Van mesurar les zones de més o menys gravetat, causades principalment per cràters i muntanyes i masses de sota la superfície de la Lluna, per fer una reconstrucció del geoide lunar. Es van basar en la mateixa tècnica de mesurament que la missió GRACE. L'objectiu d'aquesta missió era proporcionar informació sobre l'interior tèrmic i històric de la Lluna, conèixer-ne la composició, etc., per ajudar-nos a entendre la història evolutiva dels planetes rocosos (Mercuri, Venus, la Terra i Mart). En total, les distàncies recorregudes des de la inserció lunar fins al final de la missió van ser de 21.232.961 km per al GRAIL-A i de 20.601.001 km per al GRAIL-B. La missió va finalitzar el dia 17 de desembre de 2012 en què les naus van impactar sobre una muntanya lunar.

Els fets que es coneixen sobre la Lluna són:

- El radi de la Lluna és de 1.737,4 km i el diàmetre, de 3.474,8 km
- La seva massa total és de $74 \cdot 10^{36}$ kg
- La temperatura de la superfície a l'equador durant el dia és de 134°C i, durant la nit, de -153°C
- La gravetat de la superfície de la Lluna és 1/6 la de la Terra
- La velocitat d'òrbita és de 3.680 km/h
- La Lluna s'allunya de la Terra uns 3,8 cm cada any
- El cràter més ampli de la Lluna té 2.500 km de diàmetre
- Des de la Terra, sempre veiem la mateixa cara de la Lluna
- Si la Terra no tingués la Lluna orbitant al voltant seu, giraria tres vegades més ràpid, de manera que un dia duraria 8 hores, en lloc de 24
- L'edat de la roca lunar més antiga col·leccionada pels astronautes és de 4.500 milions d'anys
- Les muntanyes més altes de la Lluna són de 9.000 m
- Un dia lunar dura, aproximadament, 708 hores (29,5 dies)
- La superfície lunar és de 37.914.000 km², és a dir, té quasi la mateixa superfície que el continent africà

Figures 7.17 i 7.18. Imatge del gradient de gravetat de la Lluna (esquerra) i imatges amb l'escala del gruix de l'escorça lunar (dreta) [56]

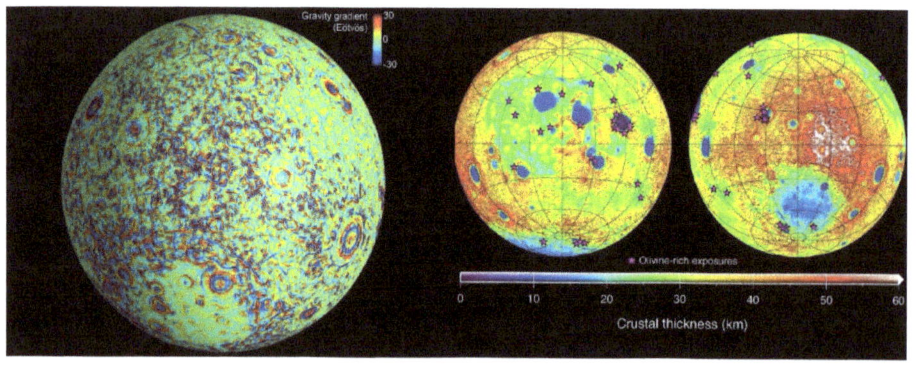

→ 8

El *Global Geodetic Observing System* (GGOS)[2] **é**s el sistema d'observació de l'Associació Internacional de Geodèsia (International Association of Geodesy, IAG). Proporciona l'estructura geodèsica necessària per controlar els canvis que es produeixen a la Terra. També s'encarrega d'observar la forma de la Terra, el camp gravitatori i la seva rotació.

Es divideix en els cinc nivells d'infraestructura següents:

Nivell 1. La superfície terrestre, és a dir, les estacions topogràfiques i geodèsiques

Nivell 2. Els satèl·lits GRACE, CHAMP, LAGEOS i Jason-1

Nivell 3. La constel·lació GNSS

Nivell 4. La Lluna i els planetes

Nivell 5. Els quàsars, que proporcionen el sistema inercial fix a l'espai

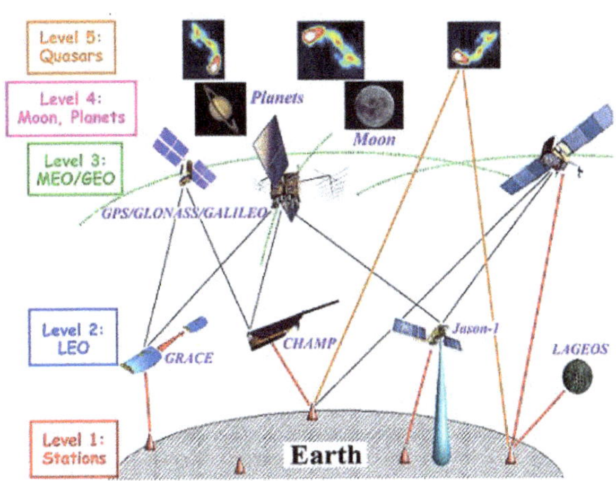

Figura 8.1. Esquema amb els diferents nivells [57]

---

[2] Pàgina web: <http://www.ggos.org/>

Figura 8.2.
Esquema d'objectius
del GGOS [57]

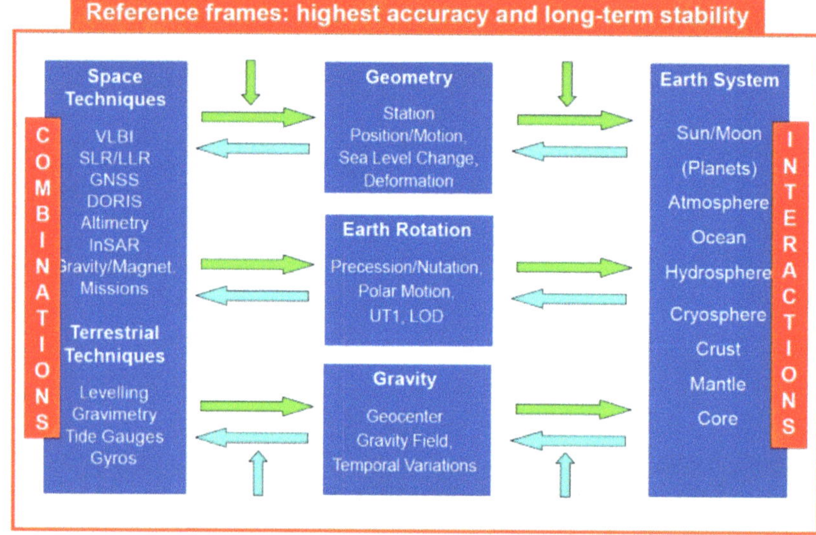

Algunes de les seves aplicacions són: el transport de masses, les variacions del nivell del mar o els sistemes d'altura globals. La geodèsia ajuda a quantificar aquests canvis i contribueix a la prevenció i al coneixement amb vista a determinar desastres naturals.

Tal com es veu a la imatge, GGOS utilitza un gran ventall de tècniques:

Figura 8.3.
Components terrestres
del GGOS [57]

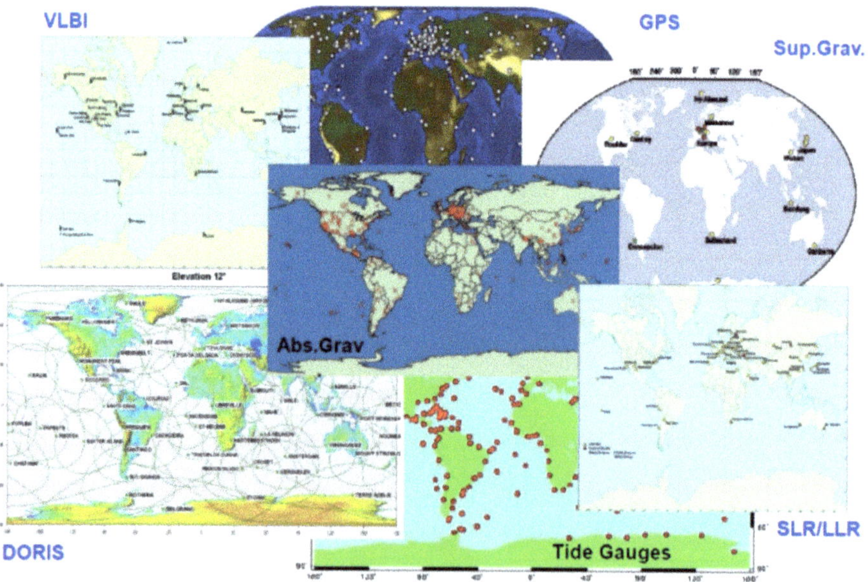

– *Global Navigation Satellite System (GNSS)*. És un sistema per determinar la posició a través de la recepció de senyals de ràdio a partir de satèl·lits de navegació. Engloba totes les constel·lacions, com ara GPS, GLONASS, Galileo i Compass.

– *Very-Long Baseline Radio Interferometry (VLBI)*. Mesura les diferències de temps en l'arribada dels senyals de microones a partir de fonts de radi extragalàctiques rebudes en dos observatoris o més. Normalment, les sessions d'observació són de 24 hores i observen diverses fonts de radi distribuïdes pel cel.

– *Doppler Orbitography and Radiopositioning Integrated by Satellite (DORIS)*. S'ha utilitzat en diverses missions d'altimetria per estimar l'òrbita dels satèl·lits amb una precisió d'1 cm o menys pel que fa al component radial: TOPEX/Poseidon, Jason-1, Jason-2, Envisat, Cryosat-2, HY-2A. També en el cas dels satèl·lits francesos de teledetecció: SPOT-2, SPOT-3, SPOT-4 i SPOT-5 o CITRIS. Aquest sistema ha estat utilitzat des de gener de 1990, conjuntament amb GNSS o SLR.

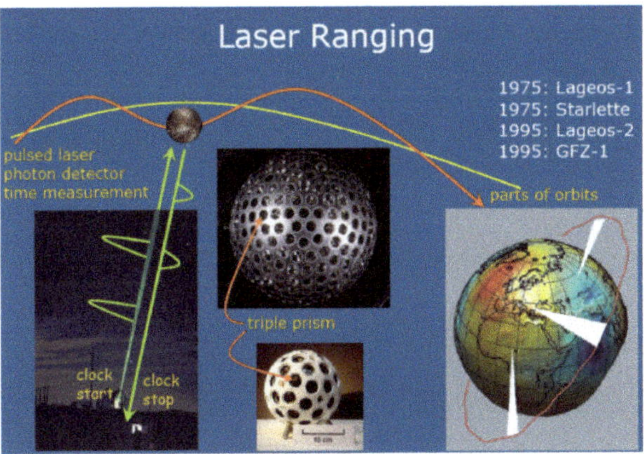

Figura 8.4.
GFZ, octubre de 2010,
Eslovàquia [57]

– *Synthetic Aperture Radar* (SAR). Una plataforma en moviment, normalment un satèl·lit, porta una antena de radar que emet radiacions, les quals es reflecteixen a la Terra i tornen a l'antena, i mesura l'amplitud i la fase de la radiació reflectida. Atès que és un sistema actiu, treballa de dia i de nit, i l'ús de microones (freqüències a les bandes C, L i X, entre 1,2 i 10 GHz) li permet penetrar els núvols. Actualment, els sistemes de radar amb longitud d'ona gran (banda L) també poden penetrar la cobertura vegetal, de neu o de sorra.

– *Satellite Laser Ranging* (SLR). També conegut com *Lunar Laser Ranging* (LLR), és una tècnica que utilitza un làser de pols ultra curt per mesurar directament, de manera instantània, el temps de vol d'anada i tornada des d'estacions terrestres fins a satèl·lits que orbiten equipats amb reflectors especials. Això proporciona una precisió mil·limètrica que es pot afegir a una xarxa global i proporcionar òrbites molt precises i altres productes científics importants. El SLR contribueix de forma important als estudis científics de la Terra, l'atmosfera i els oceans. En particular, és la tècnica més precisa que hi ha actualment per determinar la posició geocèntrica d'un satèl·lit de la Terra i, juntament amb VLBI, mesurar l'escala, aspecte tan fonamental per al manteniment i l'evolució del marc de referència.

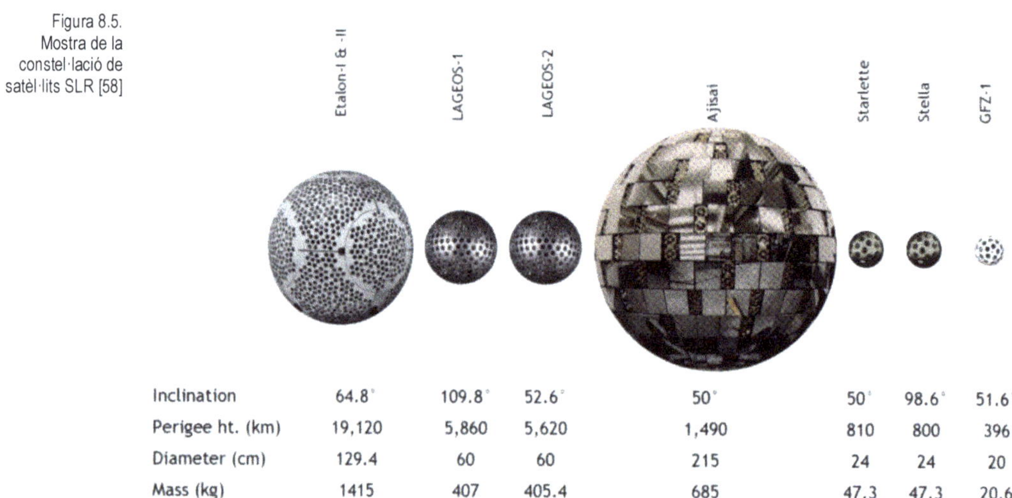

	Etalon-I & -II	LAGEOS-1	LAGEOS-2	Ajisai	Starlette	Stella	GFZ-1
Inclination	64.8°	109.8°	52.6°	50°	50°	98.6°	51.6°
Perigee ht. (km)	19,120	5,860	5,620	1,490	810	800	396
Diameter (cm)	129.4	60	60	215	24	24	20
Mass (kg)	1415	407	405.4	685	47.3	47.3	20.6

Figura 8.5. Mostra de la constel·lació de satèl·lits SLR [58]

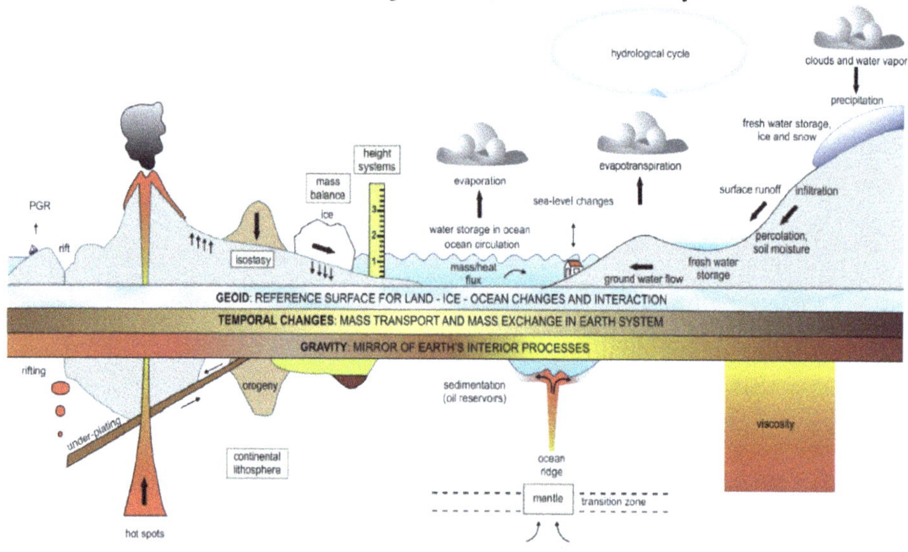

Figura 8.6. Distribució de masses en el sistema terrestre. Tots els processos geofísics estan associats a aquest fenomen i als canvis de dinàmica, que afecten el camp de gravetat terrestre, la geometria i la rotació [57]

Visió personal de la gravetat per Salvador Dalí

Figura 8.7.
Salvador Dalí, Sans
Titre, 1948. Museum of
Modern Art de Nova
York [59]

Per acabar, es presenta aquesta obra de Salvador Dalí, *Sans titre* (Sense títol), en què l'autor vol transmetre la seva percepció artística de la gravetat.

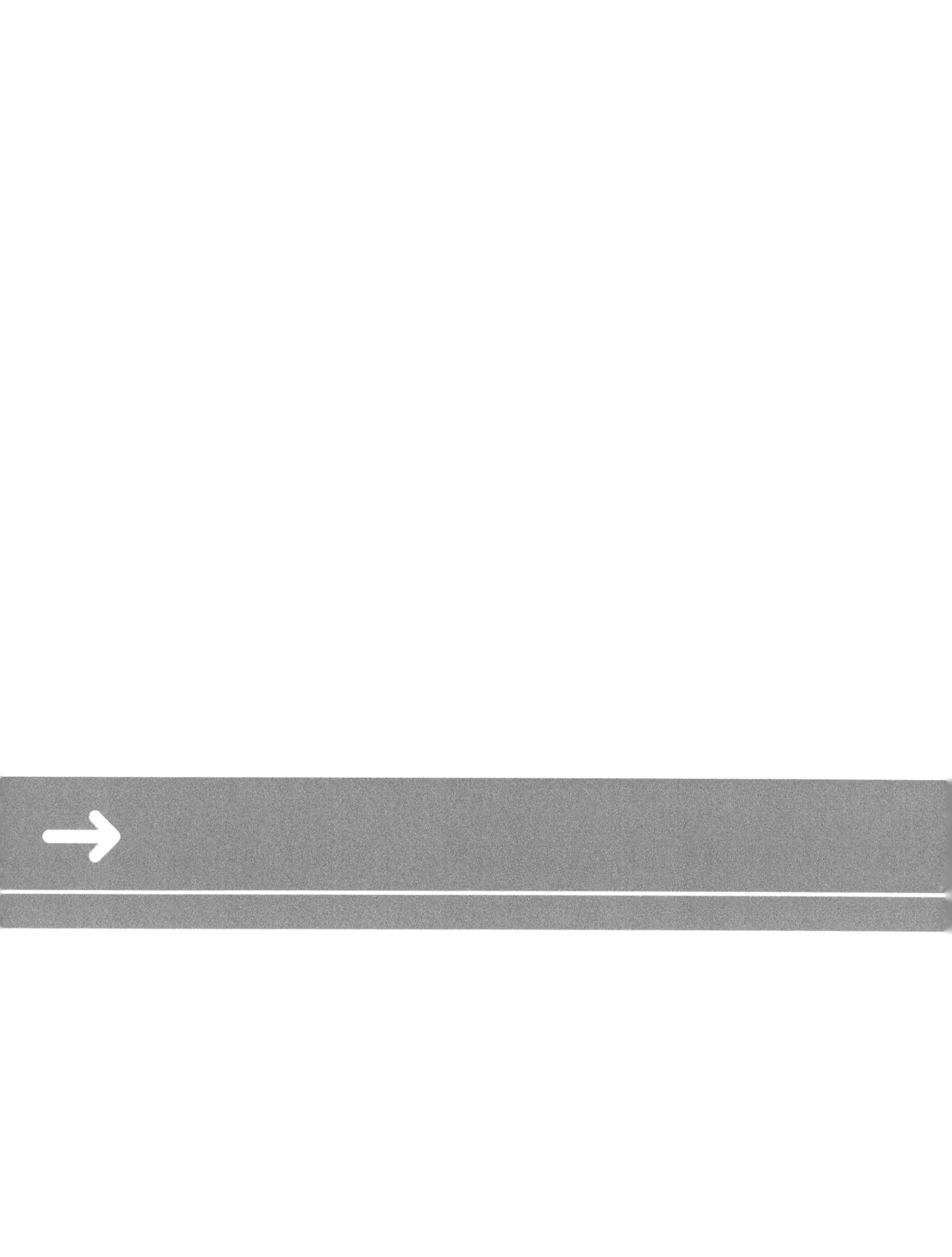

Bibliografía

[1] Heiskanen, W.; Moritz, H. (1985): *Geodesia física*. Instituto Geográfico Nacional.

[2] Hofman-Wellenhof, B.; Moritz, H. (2006): *Physical Geodesy*. Viena: Springer.

[3] Torge, W.; Müller, J. (2012): *Geodesy*. 4a ed. Gruyter.

[4] Sevilla de Lerma, M. (2011): *Geodesia geométrica y gravimetría*. Madrid: Instituto de Geodesia y Astronomía, UCM.

[5] Seeber, G. (2003): *Satellite Geodesy*. Walter de Gruyter.

[6] "Utm-zones". Licensed under Public Domain via Wikimedia Commons - <https://commons.wikimedia.org/wiki/File:Utm-zones.jpg#/media/File:Utm-zones.jpg.>

[7] National Research Council (2010): *Precise Geodetic Infrastructure*. National Academies.

[8] Sickle, J.V. (2008): *GPS For Land Surveyors.* CRC Press.

[9] Alonso Fernández-Coppel, I. (2001): "Localizaciones geográficas. Las coordenadas geográficas y la proyección UTM". ETSIA, Universidad de Valladolid: <http://www.cartesia.org/data/apuntes/cartografia/cartografia-utm.pdf>.

[10] Franco, A. R. (2000): Características de las coordenadas UTM y descripción de este tipo de coordenadas.

[11] e-medida. Revista Española de Metrología.

[12] OLAP: *Online Analytical Processing*. <http://olap.com/big-data/>

[13] Bidon-Chanal Badia, K.: "Gestión y difusión de los proyectos *smart city* con la plataforma ArcGIS". Esri España: <http://geoinnova.org/blog-territorio/wp-content/uploads/2014/06/SMART-CITIES-2014_UV.pdf>

[14] Google Maps: <https://maps.google.com/>

[15] Google Earth: <https://earth.google.com>

[16] Institut Cartogràfic i Geològic de Catalunya: <http://www.icgc.cat/>

[17] Facebook de l'Institut Cartogràfic i Geològic de Catalunya: <https://www.facebook.com/ICGCat>

[18] Aplicació per a telèfons mòbils: GPS Test

[19] Aplicació per a telèfons mòbils: Reverse Geocoding

[20] Instituto Geográfico Nacional: <http://www.ign.es>

[21] National Geospatial-Intelligence Agency: <https://www.nga.mil/>

[22] National Geodetic Survey: <www.ngs.noaa.gov/>

[23] EPSG Geodetic Parameter Dataset (OGP): <http://www.epsg.org/>

[24] Open Geospatial Consortium, Open Web Transformation Service: <http://www.opengeospatial.org/standards/ct>

[25] Aplicació per a telèfons mòbils: CoordTransform

[26] Aplicació per a telèfons mòbils: Conversor de coordenadas

[27] European Space Agency (ESA): <http://www.esa.int/>

[28] Physics Today

[29] Calvert, J. B. (2001): "Spherical Harmonics". *Mathematical Physics and Mathematics*. <https://mysite.du.edu/~jcalvert/math/harmonic/harmonic.htm>

[30] Ahern, J. L. (2007): "Principles of Geophysics": <http://principles.ou.edu/>

[31] The Open University (1989): *Ocean Circulation*

[32] Taupier-Létage, I.; Piazzola, J.; Zakardjian, B. (2013): "Les îles d'Hyères dans le système de circulation marine et atmosphérique de la Méditerranée". Sci. Rep. Port-Cros Natl Park, 27: 29-52. <http://www.ifremer.fr/lobtln/>

[33] Fotografia de J.J. Martínez Benjamín

[34] Tsunami Warning Systems. <http://stream2.cma.gov.cn/pub/comet/Environment/TsunamiWarningSystems/comet/tsunami/warningsystem/print.htm>

[35] Aviso. "Satellite Altimetry Data". <www.aviso.oceanobs.com>

[36] Permanent Service for Mean Sea Level. <http://www.psmsl.org>

[37] NASA. <http://www.nasa.gov/>

[38] Wikipedia. "Satellite geodesy". <http://en.wikipedia.org/wiki/Satellite_geodesy>

[39] NOAA. "Environmental Visualization Laboratory". <http://www.nnvl.noaa.gov/>

[41] Mysterie & Wetenschap Forum. <http://www.mysterie-wetenschapsforum.nl/phpBB3/viewtopic.php?f=78&t=10848>

[42] NASA. "Global Climate Change". <http://climate.nasa.gov/>

[43] National Snow & Ice Data Center. <http://nsidc.org/greenland-today/>

[44] ESA Cryosat. <www.esa.int/cryosat>

[45] NASA ICESat. <http://icesat.gsfc.nasa.gov/icesat/>

[46] National Snow & Ice Data Center, ICESat.

<http://nsidc.org/data/icesat/laser_op_periods.html>

[47] NASA ICESat-2. <http://icesat.gsfc.nasa.gov/icesat2/>

[49] Antarctic Glaciers.org. "Explaining the Science of Antarctic Glaciology". <http://www.antarcticglaciers.org/glaciers-and-climate/sea-level-rise-2/recovering-from-an-ice-age/>

[50] ICGEM (International Centre for Global Earth Models). <http://icgem.gfz-potsdam.de/ICGEM/>

[51] ITRF (International Terrestrial Reference Frame). <http://itrf.ensg.ign.fr/>

[52] Topografialuzcol. <http://topografialuzcol.blogspot.com.es/>

[53] NASA. "GRACE". <http://www.nasa.gov/mission_pages/Grace/>

[54] CSR (University of Texas at Austin Center for Space Research):

<www.csr.utexas.edu>

[55] ESA. "GOCE": <http://www.esa.int/Our_Activities/Observing_the_Earth/GOCE>

[56] NASA. "GRAIL": <http://www.nasa.gov/mission_pages/grail/main/>

[57] GGOS (Global Geodetic Observing System): <http://www.ggos-portal.org>

[59] REPRODART: <http://www.reprodart.com/a/salvador-dali.html>